贵州省科学技术基金项目"贵州省雷电易发性分析及灾害风险评价研究"（黔科合基金［2018］1091）资助

贵州省雷电监测资料应用及灾害风险评价研究

吴安坤　著

气象出版社
China Meteorological Press

内 容 简 介

本书结合贵州省 ADTD 闪电定位系统监测资料,开展雷电活动特征及相关参数研究,摸清闪电活动时空分布特征,探讨贵州雷电流幅值累积概率分布公式,探索海拔高度变化对雷电流参数的影响;划分贵州省雷电易发性等级,提出相应的防范措施,为重点行业雷电防护等级划分提供理论依据;同时构建适合贵州山地气候特征下的雷电灾害风险评价模型,实现人口经济数据空间化,划分贵州省雷电灾害风险等级,实现贵州省雷电灾害风险区划。本书可供雷电及相关专业技术人员参考阅读。

图书在版编目(CIP)数据

贵州省雷电监测资料应用及灾害风险评价研究 / 吴安坤著. — 北京:气象出版社,2020.5
　ISBN 978-7-5029-7115-1

　Ⅰ.①贵… Ⅱ.①吴… Ⅲ.①雷-监测-贵州②闪电-监测-贵州③雷-灾害防治-风险评价-贵州④闪电-灾害防治-风险评价-贵州 Ⅳ.①P427.32

中国版本图书馆 CIP 数据核字(2020)第 083857 号

贵州省雷电监测资料应用及灾害风险评价研究
Guizhou Sheng Leidian Jiance Ziliao Yingyong ji Zaihai Fengxian Pingjia Yanjiu

出版发行:气象出版社			
地　　址:北京市海淀区中关村南大街 46 号		邮政编码:100081	
电　　话:010-68407112(总编室)　010-68408042(发行部)			
网　　址:http://www.qxcbs.com		E-mail:qxcbs@cma.gov.cn	
责任编辑:马　可		终　　审:吴晓鹏	
责任校对:张硕杰		责任技编:赵相宁	
封面设计:楠竹文化			
印　　刷:北京建宏印刷有限公司			
开　　本:787 mm×1092 mm　1/16		印　　张:7.5	
字　　数:218 千字		彩　　插:4	
版　　次:2020 年 5 月第 1 版		印　　次:2020 年 5 月第 1 次印刷	
定　　价:48.00 元			

本书如存在文字不清、漏印以及缺页、倒页、脱页等,请与本社发行部联系调换。

前　　言

雷暴（Thunderstorm）作为一种常见的强对流天气系统，是产生于积雨云中并伴有闪电活动、阵性降水过程，且时常出现冰雹、局部大风等灾害性天气过程。一次雷暴活动包括成百上千个回击过程，一次回击过程具有放电时间短、电流强度大等特点，能够直接造成人员伤亡、建筑物等其他设施设备受损。此外，瞬间的高电位、瞬变的电磁辐射可导致微电子设备损坏，同时极易造成易燃易爆场所由电火花引发火灾及爆炸事故。近年来，随着社会经济的快速发展和民众生活水平的不断提高，雷电灾害对整个社会造成的影响愈发严重。因此，揭示雷电活动分布特征及灾害变化规律，正确认识和评价雷电灾害风险及危害，为防雷减灾及政府主管部门管理决策提供科学依据势在必行。

随着闪电探测技术的不断发展和进步，各种地基和星载闪电定位技术得到了广泛的应用，实现了连续性的实时监测闪电活动，为分析闪电发生发展的规律及分布特征、雷电灾害风险评价奠定了基础。为此，作者结合业务工作情况，依托科研项目支撑，结合贵州省 ADTD 闪电定位系统监测资料，开展雷电活动特征及相关参数研究，摸清闪电活动时空分布特征，探讨贵州雷电流幅值累积概率分布公式，探索海拔高度变化对雷电流参数的影响；划分贵州省雷电易发性等级，提出相应的防范措施，为重点行业雷电防护等级划分提供理论依据；同时构建适合贵州山地气候特征下的雷电灾害风险评价模型，实现人口经济数据空间化，划分贵州省雷电灾害风险等级，实现贵州省雷电灾害风险区划。

本书介绍了闪电监测定位系统建设的意义、发展以及常见的 ADTD 闪电定位系统、VLF/LF 三维闪电定位系统工作原理，重点阐述了贵州省闪电监测定位系统建设情况，并对贵州省 ADTD 闪电定位系统探测效率进行了评估分析；分别采用闪电监测资料、地面观测站资料从闪电时空分布特征和雷暴气候特征两个方面开展分析；分析雷电流幅值时空分布特征的同时，对贵州省"小幅值地闪"范围进行了定义，并综合比较 IEEE、规程两种雷电流幅值分布公式形式，提出更适宜于本地的雷电流幅值累积概率分布公式，为雷击闪络率等工程计算提供更精确的依据；探索海拔高度变化对雷电流参数的影响，采用贵州省闪电监测资料，融入海拔高程数据，系统地分析海拔与正负极性雷电流幅值、陡度、地闪密度等雷电流参数的关系，研究地形变化对雷电活动的影响，为喀斯特地貌区域雷电活动规律和防雷工程设计提供一定的理论依据；开展贵州省雷电易发性等级划分研究，采用四种闪电探测资料相互融合、补充，弥补相互之间探测方式的不足，完成贵州省雷电易发性等级划分，为重点行业雷电防护等级划分提供理论依据；通过收集整理历史雷电灾情资料，分析雷灾事故时空分布特征，开展灾损灾度以及灾情事故重现率分析；开展精细化雷电灾害风险评价，为满足雷电灾害风险决策的精准化需求，突破人口、GDP 等社会经济数据受行政区域的限制，实现受灾对象的空间分布；采用 DMSP/OLS 夜间灯光、NDVI 植被指数、土地覆盖等遥感数据，DEM 数据及统计年鉴数据，建立人口、GDP 空间化模型，通过 GIS 技术反演贵州省人口、GDP 空间分布情况，实现精细化的开展雷电灾害风险评价研究，为雷电灾害风险管理和灾害救助提供技术支撑。

　　本书在编写的过程中,贵州省气象灾害防御技术中心丁旻、张淑霞等同志对第三、五、六章节部分内容提供了帮助,贵阳市气象局甘文强正研级高工、贵州省山地环境气候研究所吴战平正研级高工、邹书平正研级高工、中国科学院电工研究所马启明研究员等审阅全书,并提出了宝贵的意见。在此谨向各位学者和本书所引用文献作者致以衷心感谢。由于作者水平有限、时间仓促,本书难免有不足之处,敬请读者批评指正。

吴安坤

2020 年 4 月

目　录

1 闪电监测定位系统

1.1 建设意义及发展

闪电监测定位系统是气象综合探测系统的重要组成部分,是进行大气电场和雷电机理研究以及防雷减灾工作的基础,也是中国气象局大气监测自动化系统工程项目建设的重要内容。

闪电信息属气象信息范畴,在各行业中的应用十分广泛,如气象部门的中尺度天气监测、人工影响天气、综合探测、防雷等方面,民用航空部门的航线气象保障和雷电预警预报,电力部门的高压输电线路的管理和维护,林业部门的森林火灾的防护、预报和预警,军事部门的航天、航空,建筑部门的建筑物防雷系统的设计等。全国雷电监测网的建设,可以进一步提高中小尺度天气系统特别是雷暴天气的监测预警和预报的水平和能力,从而为相关需求部门的生产和人民生活提供一定的保障和服务。

闪电监测定位系统是用于雷电测量和预警的新型探测设备,可以自动、连续、实时监测闪电发生的时间、方位、强度、极性等特征参数。近年来,随着微处理存贮技术、GPS(全球定位系统)和数字处理技术 DSP 的发展,闪电定位技术有了进一步的提高。对甚低频段闪电(地闪)的探测,从单一采用定向法(MDF)单站定位,发展到采用定向和时间差(TOA)以联合法(IMPACT)多站定位,对地闪的定位精度有了很大提高,技术和相应产品相对成熟;对甚高频段云闪的探测,一般采用窄带干涉仪定位法或者三维时差法,目前已有商业化产品,但其技术还需进一步完善。

国内外一些机构正在对雷电资料应用于灾害性天气监测和超短时预报的新理论和新方法进行研究,并已取得一定成果。目前还要进一步深化对雷电机理的认识,在对闪电数据的特征与强对流天气关系分析的基础上,开展闪电资料应用于强对流天气预报业务的对比分析和评估研究,发展可用于气象业务的预报和诊断技术。因此,将闪电和气象学研究相结合,利用雷电、多参数雷达等手段对强对流天气系统发展演变规律进行研究,有可能提供对灾害性天气发生、发展进行监测预警的新途径,具有重要的实际应用。

闪电监测定位系统产生于 19 世纪末 20 世纪初,在雷电研究、监测及防护领域中处于极其核心的位置。一是通过遥测方式能大范围、较准确地提供雷电的放电参数,供雷电科学家进一步研究雷电的放电特性和其他更细致的物理过程,为进一步认识、防护雷电提供科学依据。二是通过实时监测雷暴的发生、发展、成灾情况和移动方向及其他活动特性,对一些重点目标进行类似于台风的监测预报,使雷电造成的损失降到最低点。三是雷电往往和暴雨、飓风、冰雹等强对流天气现象有很强的相关性,监测雷电活动的范围和频度是监测、预报上述灾害性天气的手段之一。四是雷电的监测及准确定位在电力系统雷击故障点的查巡、森林雷击火灾的定点监测、火箭卫星发射场附近的雷电预警等方面都有很高的经济效益。目前,几乎所有发达国家和地区都建有全国和地区雷电监测定位网。

现代闪电监测定位系统起源于 1976 年美国 Krider E P 等成功地对原双阴极示波器闪电探测仪的改进。在此基础上研制出了智能化的磁方向闪电定位系统(MDF)。该系统采用宽波段接收闪电辐射的 VLF 信号,克服了原来窄波段信号带来的偏振误差、电离层反射等不利影响,使测角误差在 ±1° 以内,20 世纪 80 年代初期又增加了云地闪波形鉴别技术,使云地闪电探测效率在 90% 以上。80 年代中期和末期,几乎世界上所有发达国家和地区都布有这种设备组成的雷电监测定位网。与此同时,美国大气科学研究公司又研制了一种时差法雷电定位系统(TOA),1986 年产品形成,并在美国东部建网,并在日本、巴西、澳大利亚等国家和地区建网。进入 20 世纪 90 年代,由于 GPS 等技术的飞速发展,在原测向系统的基础上增加了时差功能,称为时差测向混合系统(IMPACT);这种系统在定位精度和探测效率上较原系统都有较大的提高,是当时的主流系统;进一步研究云地闪和云闪的放电过程后,发现云闪 K 过程等也辐射 VLF/LF 脉冲,VLF/LF 系统更进一步升级为时差测向混合云地、云闪探测系统(IMPACT-ESC),并在美国、加拿大布设 187 个站,形成了现在的北美闪电监测网。

现代雷电放电过程观测研究表明:不仅云地闪回击过程辐射 VLF/LF 脉冲信号,云闪正负电荷中和过程(也叫云闪回击)也产生较强的 VLF/LF 脉冲。通过接收闪电回击(包括云闪、云地闪)辐射的 VLF/LF 脉冲信号,采用 TOA 定位方法,研发对闪电 VLF/LF 辐射源的时间、位置、高度、强度及极性等主要参数的三维定位技术,是升级传统闪电监测定位系统的最好方案。

2007 年德国慕尼黑大学天电研究小组采用该技术研制了 LINET 闪电探测网,不仅能同时探测云地闪、云闪,还能提供三维定位,定位精度达到 150 m,该系统目前在由 17 个国家约 90 个传感器组成,覆盖了从西经 10°～东经 35°、北纬 30°～65° 的范围。LINET 探测网为预报单位提供服务并可进行连续工作,为德国气象服务提供闪电数据,为许多国家和国际科学项目提供实时和历史数据,得到了很高的评价。

中国科学院空间科学与应用研究中心雷电探测研究室从 20 世纪 70 年代开始研究闪电与核爆电磁脉冲探测技术,合作研制了数代国产闪电监测定位网设备。"七五"期间,从美国原 LLP 公司引进了当时最先进的磁方向闪电监测定位系统(ALDF),1990 年国产化成功,1991 年开始正式建立闪电监测定位网,受通信方式的制约主要是电力和军队系统自建自用。1996 年又在国内最先研制成功采用 GPS 卫星定位系统的高精度时差测向混合定位系统,使得雷电监测定位系统定位精度、探测效率有了明显的提高,随后在我国电力、电信、军队等部门采用专线通信,建立了一批专业闪电探测网,取得了明显的社会效益与经济效益。

中国气象局在《全国地面观测系统发展规划(1996—2010 年)》中明确指出,"加强闪电定位仪的开发和应用研究,完善闪电定位系统",作为今后探测业务发展的主要任务之一。同时还提出"结合中尺度天气监测网建设的需要,在中尺度灾害性天气监测预报服务基地、机场等地利用闪电定位仪建立闪电监测站网""多站方式实现的闪电定位系统,每个站之间的距离根据场地和通信条件以及用户的需求大约在 100～150 千米"。优先在中尺度天气监测预报服务基地,以及需要雷电防护重点地区建立闪电监测和预警系统,是气象业务现代化发展的需要。全国闪电监测系统的建设充分利用现有的气象台站设施,采用国内外成熟的闪电探测技术,在全国范围内布设探测子站,同时整合和优化已建闪电探测子站,形成覆盖全国地域的监测网,填补我国闪电监测自动化的空白。建立国家级闪电资料处理中心,集中对全国闪电探测子站收集的数据进行综合处理,提供给全国用户,实现资源共享,为国内开展闪电预警和预报的研究与应用提供基础资料。建立省级闪电资料处理分中心,对区域闪电数据进行综合处理,及时为地方雷电防护和相关应用服务。进行雷电信息在气象和其他领域的应用研究与开发,建立雷电监测应用业务系统。

从 2003 年开始，随着雷电探测技术越来越成熟、探测设备稳定性、可靠性越来越高。另外，我国宽带网通信价格低廉、通信质量稳定可靠，为气象系统建设业务运行网提供了有力的保障，福建省气象局、江西省气象局率先以省为基本单位建设全省雷电监测定位网，之后湖南、陕西、湖北、四川、黑龙江、江苏、贵州等省气象部门陆续建成了本省雷电监测定位网。

为了整合全国的资源，避免重复建设，针对我国气象事业战略发展需要，开展"国家雷电监测定位"的综合试验研究，为将来建设全国雷电监测定位网打好各项技术基础。在中国气象局大力支持下，中国科学院空间中心从 2004 年开始将军队、电力、电信、气象等部门建设的闪电监测定位网联网，开始全国大面积联网监测定位试验。国家雷电监测试验网中心站全天候实时运行，并通过 WebGIS（网络地理信息系统）实时显示最新 2 小时的闪电监测资料。2007 年底，中国气象局和中国科学院协商将中国科学院空间中心雷电探测室整体转到中国气象局，基于中国科学院原有的系统连成国家级闪电监测定位网。目前，该网拥有 411 个闪电探测仪，几乎覆盖了全国。

同时，和美国、欧洲等发达国家、地区的三维雷电探测网相比，国家级闪电监测定位网只能探测云地闪、二维定位，不能测量云闪。采用现代技术，对 ADTD 闪电定位系统升级，任务非常紧迫。2008 年，中国气象局气象探测中心联合武汉大学物理科学与技术学院、中国科学院空间中心等单位研制了 VLF/LF 三维闪电探测系统，目前 VLF/LF 三维全闪电监测定位系统约有 300 个以上站运行。

1.2 ADTD 闪电定位系统

ADTD 是一个基于嵌入式微处理器的电磁波探测和数据采集系统，由电场天线、磁场天线、电子电路、接收机、电源等组成。主要功能是探测闪电回击发生时辐射的电磁波，测量回击电磁波到达的精确时间，并将数据送往雷电中心定位处理站，并接受来自后者的遥控命令。探测的落点参量为测量地闪每次回击过程的时间、位置、极性、峰值强度、接收点陡度、峰点、波形半周过零点波形特征参量、陡点值，通过方程组还可导出放电电荷量、峰值辐射功率，通过归回击的方法，可以得出闪电的回击次数。

（1）ADTD 闪电定位系统原理

ADTD 闪电定位系统是时差测向混合闪电定位技术，鉴于磁方向闪电定位系统定位误差较大，时差系统又必须至少 3 个探测站才能定位的事实，很容易想到把二者联合起来，形成时差测向混合闪电定位系统。它的定位原理是每个探测站既探测回击发生的方位角，又探测回击辐射的电磁脉冲波形峰点到达的精度时间。当有 2 个探测站接收到数据时，采用 1 条时差双曲线和 2 个测向量的混合计算位置；当有 3 个探测站接收到数据时，在非双解区域，采用时差算法，在双解区域，先采用时差算法得出双解，后利用测向数据剔除双解中的假设；当有 4 个及 4 个以上探测站接收到数据时，采用时差最小二乘算法定位计算。

（2）算法流程

1）各子站收测数据传输到主站后，首先进行是否来自同一闪电判断。其判据为：

$$5\Delta t_{AB}5 = 5t_A - t_B5 \leq \frac{ad_{AB}}{C}$$

其中，t_A、t_B 分别代表闪电到达 A 站和 B 站的时刻，d_{AB} 是 A、B 两站之间的大圆弧度，a 是地球半径,C 是光速。若满足此判断,即来自同一闪电信号,可以进行多站定位。

2)若同时有 3 站以上数据,则首先用多站汇交优化算法确定其初始标称位置。

3)根据初始位置,分别按方位汇交算法及时差定位算法,估算其定位精度。

4)在精度估算的基础上,确定最终定位算法,求出闪电位置。

5)若仅有 2 站同时接收到闪电信号,则按双站到达时间差双曲线与方位汇交算法,求出闪电位置。

(3)ADTD 及其他闪电定位系统特点介绍

1)ADTD 时差测向混合闪电定位系统的特点

当 2 个探测站接收数据时,也能进行较高精度的定位,定位误差一般也能保证在几千米以内。当 3 个探测站接收到数据时,采用测向数据剔除时差法的假解,定位精度和时差系统一样。当 4 个及 4 个以上探测站组成多站网时,主要用时差探测数据定位,测向数据的意义在于可以用时差定位结果,校正测向数据的系统误差,以便提高二站和三站的定位精度。

ADTD 时差测向混合闪电定位系统既可以和测向系统,又可以和时差系统进行联网,有很好的兼容性。

总之,时差测向混合闪电定位系统既能保证较少数目探测网有定位结果,又能保证较高的定位精度,是一种比较实用的闪电监测定位系统,据国内外资料表明其定位精度一般在几百米到一千米之间。

2)测向闪电定位系统特点

在实际应用中,由于磁方向闪电定位探测仪的南北方向、东西方向的天线不可能做到严格垂直,探测仪周围的场地误差,传播路径上电波的折射等因数的影响,测向误差往往能到十几度,有时甚至能到二十几度,使得闪电定位系统的实际误差比较大,一般能到十几千米、有时能到几十千米,甚至得不到结果。虽然,研究了不少场地误差处理方法,对提高定位精度有一定的帮助,但不能从本质上解决问题。正因为如此,单纯的磁方向闪电定位系统被彻底淘汰。

3)时差法雷电定位系统的特点

二站只能定一条双曲线,不能定位三站在非双解区域可以得到唯一的定位结果。在双解区域有 2 个定位结果,不可区分。因此,一个闪电定位网最好有 4 个或 4 个以上的探测站探测数据,才可以保证探测结果是唯一的。

理论探测精度主要依赖各个探测站的时间、守时和同步精度。目前,广泛采用全球卫星导航定位系统进行时间同步,能保证时间同步精度为 10^{-7} s,时间测量精度能保证在 10^{-7} 以内,守时精度采用高稳定性恒温晶振,也能保证时间稳定度在 10^{-7} s 以内,因此从理论上讲,时差系统定位精度可以提高。一般情况下,实际探测误差为几百米到 $2\sim4$ km。这时由于各个探测站探测闪电回击波形的特征点是峰点到达的时间,而回击波形峰点随传播路径和距离的不同要发生漂移和畸变或者受环境的干扰,从而导致时间策略误差。这是时差法闪电定位系统的定位误差的主要来源,也是提高定位精度要解决的主要问题。

(4)ADTD 参数与指标介绍

1)探测仪的探测参量与指标(如表 1.1 所示)

表 1.1 探测仪的探测参量与指标

参量	回击波形到达精确时间	方位角	磁场峰值	电场峰值	波形特征值	陡度值
指标	精度优于 10^{-7} s	优于 $\pm 1°$	优于 3%	优于 3%	精度优于 10^{-7} s	优于 3%

2)组网后的雷电监测定位系统的探测参量与指标(如表1.2所示)

表1.2 组网后的雷电监测定位系统的探测参量与指标

参量	回击发生的精确时间	回击位置（经纬度）	强度	波形特征参量	陡度值	放电量	峰值功率
单位	$0.1\mu s$	度	kA	$0.1\mu s$	$kA \cdot \mu s^{-1}$	C	MW
指标	精度优于$10^{-7}s$	网内精度优于500 m	优于10%	精度优于$10^{-7}s$	相对误差优于10%	相对误差优于30%	相对误差优于30%

(5)闪电监测定位系统的构成

闪电探测仪中心数据处理站用户数据服务网络图形显示终端由布置在不同地理位置上的两台以上的闪电探测仪(以下简称探头)可以构成一个闪电监测定位系统(如图1.1所示)。

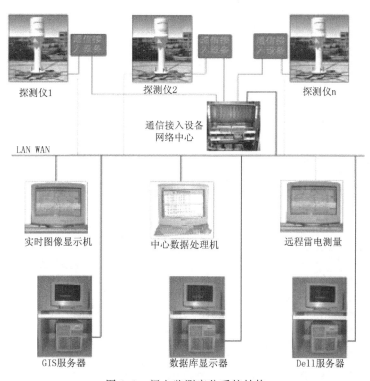

图1.1 闪电监测定位系统结构

中心数据处理站经通信信道可和多达16个探头相连,对接收到的闪电回击数据实时进行交汇处理,给出每个闪电回击的准确位置、强度等参数,由其图形显示终端设备随时存储、显示、打印或拷贝成图中心数据处理站也可经通信系统对各个探头进行参数设置,调出探头工作状态等中心数据处理站可通过数据服务网络或设置多个图形显示终端,以便多个部门共享闪电的信息资源。

显然,这样的一个系统,除探头、中心数据处理站、图形显示终端专用设备外,其通信系统也是个重要组成部门,通信的好坏直接影响整个系统网的可靠性,通信可以用多种途径来实现,如长途电话线,超高频通信,电力载波通信,微波接力通信,甚至现代化的卫星通信等,一般推荐采用微波通信或专用有线线路。

1.3 VLF/LF 三维闪电监测定位系统

(1)VLF/LF 三维闪电监测定位系统总体结构

VLF/LF 三维闪电监测定位系统由不少于 4 台探测仪、基线距离大于 70 km 探测网组成,探测数据实时上传至中心处理端,三维位置解算软件根据接收到的多站点探测数据,进行相关性分析并计算出闪击位置,完成三维位置解算,并将结果通过网络传送到 3D 图形显示系统与应用服务系统。中心定位处理系统监测及运行控制管理单元负责对整个探测网运行监控,探测数据和定位结果都存储在中心站数据库中。VLF/LF 三维闪电监测定位系统总结构图如图 1.2 所示。

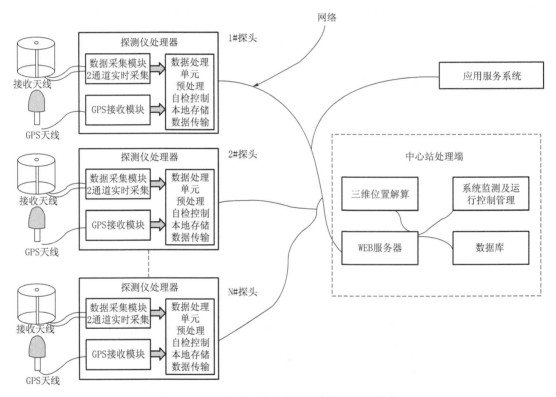

图 1.2 VLF/LF 三维闪电监测定位系统总结构

(2)技术指标

4 个以上三维闪电探测站组网后的技术指标为:

闪电回击类型:正云地(+CG)、负云地(−CG)、正云内闪(+IC)、负云内闪(−IC)。

3D 定位精度:平面位置小于 300 m(4 站网内),高度小于 500 m(4 站网内)。

回击探测效率:云地闪回击高于 90%(4 站网内)。

闪电回击强度:相对误差小于 10%,极性准确率高于 99.9%。

闪电回击时间:优于 10^{-4} s。

闪电回击分辨率:小于 2 ms。

工作方式:自动、连续、实时测量,无人值守。

可靠性:无故障工作时间 20000 h。

(3)VLF/LF 三维闪电探测仪技术指标

闪电类型:正地闪(+CG)、负地闪(-CG)、正云内闪(+IC)、负云内闪(-IC)。

闪电强度:相对误差<3%(10~100 kA)、相对误差<10%(<10 kA,>100 kA)。

时间精度:同步精度优于 10^{-7} s。

测向精度:经校准后优于±1°。

探测范围:小于 600 km。

探测效率:>5 kA 以上闪电大于 95%(小于 600 km)。

事件处理时间:<1 ms(1 s 处理 1000 次以上脉冲)。

电源:市电 85~265 V,50~60 Hz,直流 20~30 V。

通信类型:有线网络、GPRS/CDMA 网络及卫星通信。

功耗:<15 W。

维修时间:<30 min。

无故障工作时间:平均无故障工作时间(MTBF)接近 30000 h。

环境温度:-40~50 ℃(工作温度:-20~70 ℃)。

相对湿度:0~100%。

盐分:适合于海边位置。

(4)中心定位处理系统

中心定位处理系统是三维闪电监测定位系统的重要组成部分,主要包括数据处理中心、数据存储中心和数据服务中心。它实时接收各地的探测仪实时发送来的闪电探测数据,实时对这些数据进行三维定位处理和存储,并根据需要将这些三维定位结果发送给各个数据用户。

中心定位处理系统主要技术特点:针对 3D 闪电定位系统数据量大、通信复杂,研制了高速、并行数据解包软件模块,保证探测站上传数据不丢失。研发了大量探测资料相干数据识别与分析模块,保证同一个闪电多站探测资料的识别准确性与效率。采用空间 TOA 定位算法,解决了 3D 迭代计算极值收敛性快速判断问题,保证了探测网定位计算的实效性。中心站带有 Oracles 9i 数据库,定位结果直接入库。

(5)电源系统与通信

探测站的电源既采用交流电,标准为 AC220 V(±10%),50±3 Hz。探测站到中心站的通信,采用有线网络。将探测站的探测数据一对二的方式,同时发送到贵州省气象局和中国气象局(如图 1.3 所示)。

图 1.3 探测站到中心站的通信

1.4 贵州省闪电监测定位系统建设

贵州省闪电监测定位系统包括 ADTD 闪电定位系统、VLF/LF 三维闪电监测定位两套系统,目前均已完成投入正常运行。

贵州省 ADTD 闪电定位系统于 2006 年开始建设,2007 年首批建设成立监测网包括 7 个探测子站和一个数据处理中心站,7 个探测子站自北向南依次为:桐梓、遵义、毕节、六盘水、贵阳、安顺、都匀。2009 年完成第二批闪电定位仪的安装建设,分别建在息烽、威宁、盘县、三穗、榕江。每个闪电定位探测子站探测范围为 200 km,将探测到的闪电发生时间、方位、强度和电磁辐射信号实时传输给中心站,由中心站进行实时定位处理。系统提供回击发生的时间、经纬度、闪电强度、闪电极性等信息。目前全省运行的闪电定位仪共有 12 套,基本覆盖全省(如图 1.4 所示)。中心主站设备将 ADTD 闪电定位仪接收到的雷电数据实时进行交汇处理,给出每个闪电回击的准确位置、强度、陡度等参数。

● ADTD闪电监测站点

图 1.4　贵州省 ADTD 闪电监测系统站点分布

2013 年组建贵州省 VLF/LF 三维闪电监测定位系统,并于当年 9 月正式接收数据。该三维闪电监测定位系统由 6 个观测站点和一个数据处理中心站组成,6 个观测站点分别建设于贵阳、汇川、毕节、凯里、关岭、罗甸气象局观测场。2017 年 3 月,完成第二批观测站点的安装建设,此次建设共安装 10 套设备,分别建在榕江、天柱、铜仁、德江、道真、习水、盘县、水城、威宁、石阡,至此将贵州省全境纳入三维闪电监测定位系统探测范围内。全省 VLF/LF 三维闪电监测定位系统目前由 16 个 VLF/LF 三维闪电探测站组成闪电监测站网、雷电数据处理中心站及对应数据处理、图形显示、闪电数据库组成(如图 1.5 所示)。外场监测站通过有线网络连接,构成贵州省三维全闪电监测定位系统,VLF/LF 三维闪电监测定位系统结构图如图 1.6 所示。

图 1.5　贵州省 VLF/LF 闪电监测系统站点分布

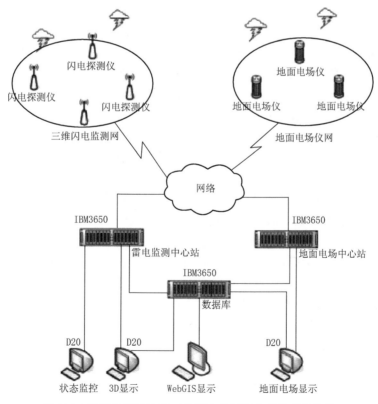

图 1.6　贵州省 VLF/LF 三维闪电监测定位系统总体结构

1.5 贵州省 ADTD 闪电定位系统探测效率评估分析

闪电定位系统中,采用科学的定位算法是有效减小定位误差的关键问题。早在20世纪60年代,国外已经开展闪电定位算法的研究工作。Lewis(1960)和Oetzel(1969)等利用地面无线电频率测量闪电到达时间,进行了定位和误差分析比较。受复杂地形地貌以及设备站点布局的影响,同一套系统在不同地区闪电定位系统的误差和探测效率也可能不尽相同。对已建的闪电定位监测网探测现状及效率进行研究中,梁华(2010)等利用闪电定位评估软件对甘肃闪电监测定位系统组网分析,发现甘肃省主要地区闪电定位精度优于300 m,全省范围内的闪电定位精度可达500 m;全省主要地区闪电探测效率高于95%,在全省范围内的闪电探测效率高于90%。靳小兵等(2011)以150 km作为单站探测的有效范围,分析四川省雷电监测网达到三站及三站以上定位范围仅占全省面积的一半,有效探测范围仅为50%,即在三站以下无法达标定位精度的区域达50%。

闪电定位误差来源除了系统自身的测量误差外,测站数目和布站方式对闪电定位系统的探测精度具有很大影响,合理的站点布局不仅可以提高定位精度,还可以充分利用站点资源,以尽量少的测站达到尽量高的定位精度。本部分将利用贵州省闪电监测网资料,通过数据挖掘,分析在贵州特殊地形地貌环境下,单站可达到的有效探测半径;分析贵州省闪电监测网的有效探测范围,找出探测盲区,进一步为新增子站布网,完善贵州省闪电监测网建设提供可行性建议。

由于电磁波在传播路径上受到环境干扰,存在衰减,闪电定位系统对能探测到的闪电有一定的电流幅值要求。如果环境的电磁干扰较强,那么就只能探测到电流较大的闪电,在这种环境下探测效率就比较低;相反,如果环境的电磁干扰弱,就能探测到的电流相对较小的闪电,这种环境下探测效率较高。电流幅值为 I 的闪电,在距离 D 处产生的电场强度为 $E = KID^{-m}$,其中 E 为闪电定位仪所在位置的电场强度,I 为闪电的电流幅值,D 为闪电发生位置到探测站的距离,K 和 m 都是与地面电导率、地形及闪电波形有关的常数。

当电场值超过闪电定位仪预设最低门限阈值时,闪电被探测到。最低门限阈值对应的最小电流随闪电发生位置离定位仪距离的不同而不一样,距离越近,值越小,距离越远,值越大。设定某探测站点的最低门限阈值为 E_0,则上式的关系可以变换为:

$$I = (E_0/K)D^m$$

电流幅值 I 随距离 D 是幂函数关系,$m > 0$ 时,I 随 D 递增;$m < 0$ 时,I 随 D 递减。对 LLS 的资料作以下处理,以闪电资料中心点为原点,以200 km为最大半径,将最大半径分成若干段,可选5 km,形成若干同心圆。将若干同心圆环内的闪电的电流幅值 I 进行平均化处理,得 $\overline{I}_1, \overline{I}_2, \overline{I}_3, \cdots, \overline{I}_{40}$。然后将这些电流幅值的平均值按照上面 I 与 D 的关系式进行幂函数拟合,分析接收到雷击发生点的有效距离随雷电流幅值之间的变化趋势。

选取贵州省2006—2013年闪电定位资料,总计条闪电3765192条,包括134385条正地闪、3630807条负地闪。闪电发生中心为(26°48′11″N;106°28′38″E)。以中心点为半径,通过统计5 km,10 km,15 km,…,195 km,200 km同心圆环范围内的平均电流幅值,逐步拟合分析至15 km,20 km,…,195 km,200 km内的 m、E_0/K 值(如表1.3所示)。选取拟合优度达到0.7的探测对应 m、E_0/K 值,绘制其随距离的变化情况(如图1.7所示)。m、E_0/K 曲线随距离在95~170 km范围内变化较为平坦,探测半径至160 km时,拟合优度达到0.8594。利用历史探测资料,将与地面电导率、地形及闪电波形有关的因素融入 m、E_0/K 值,认为在贵州省特定的地形地貌下,单站探测半径可达到 160 km。

表 1.3　m、E_0/K 随距离变化情况

距离(km)	E_0/K	m	R^2	距离(km)	E_0/K	m	R^2
15	25.97	0.0527	0.5801	110	25.58	0.0549	0.7886
20	27.69	0.0199	0.1339	115	25.57	0.0550	0.7987
25	27.74	0.0190	0.1738	120	25.58	0.0549	0.8061
30	27.39	0.0249	0.3120	125	25.58	0.0549	0.8061
35	26.71	0.0358	0.4627	130	25.55	0.0552	0.8153
40	26.24	0.0434	0.5634	135	25.57	0.0550	0.8217
45	25.82	0.0501	0.6337	140	25.54	0.0553	0.8297
50	25.50	0.0550	0.6860	145	25.50	0.0558	0.8372
55	25.26	0.0586	0.7264	150	25.34	0.0577	0.8481
60	25.10	0.0610	0.7582	155	25.33	0.0579	0.8539
65	25.00	0.0625	0.7834	160	25.34	0.0577	0.8574
70	24.89	0.0641	0.8045	165	25.37	0.0573	0.8594
75	24.82	0.0651	0.8219	170	25.46	0.0564	0.8538
80	24.86	0.0646	0.8317	175	25.60	0.0548	0.8355
85	25.12	0.0610	0.7995	180	25.72	0.0535	0.8208
90	25.33	0.0581	0.7775	185	25.81	0.0524	0.8121
95	25.45	0.0565	0.7733	190	25.96	0.0508	0.7862
100	25.57	0.0549	0.7677	195	26.13	0.0489	0.7522
105	25.59	0.0548	0.7776	200	26.29	0.0473	0.7243

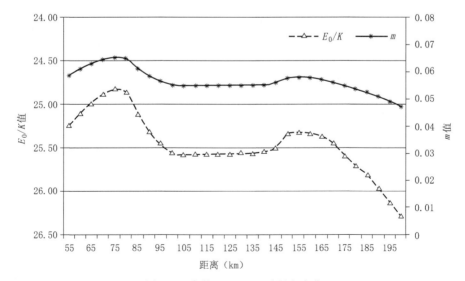

图 1.7　参数 m、E_0/K 随距离变化

贵州省闪电监测系统 12 台子站布点如图 1.8 所示,三站及三站以上定位范围占全省80％以上。全省东北、西北及西南部的部分区县存在探测盲区,其中威宁县的西部无子站可覆盖;铜仁地区东部的松桃县、铜仁市辖区及江口、印江县的部分区域,及毕节地区西北部的赫章县、威宁县的部分区域仅单一子站可达到;六盘水市中部、黔西南州南部、黔南州西南部及铜仁地区东北部的部分区域两站可到达。

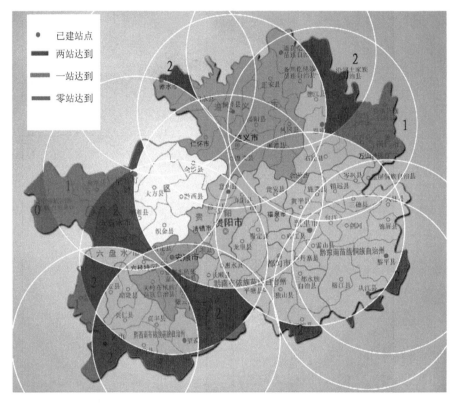

图 1.8　贵州省闪电监测网探测现状

2　雷电活动分布特征

　　雷电活动特征一般主要研究区域闪电活动的时间、空间分布情况,作为基本的气候特征,对研究气候变化具有重要意义。在国外,Tuman 等(1982)利用 DMSP 观测资料,分析了不同时段的全球闪电分布,发现在海洋上黎明时段的闪电次数高于傍晚。Christian 等(2003)利用 OTD/LIS 星载闪电资料分析发现约 78% 的闪电发生在南北回归线之间,且全球每秒钟有 44 ±5 个闪电发生。Smith(2005)发现墨西哥湾的北部海岸的地理条件以及所处的中尺度环流位置,影响着当地的闪电活动分布。Richard 等(1997)采用 1989—1999 年闪电定位系统数据,分析发现美国中西部闪电活动在 1993 年最为频繁,超过 11 次·km^{-2}。

　　在国内,随着闪电探测技术的不断发展和进步,各种地基和星载闪电定位技术得到了广泛的应用,实现了连续性的实时监测闪电活动,为分析闪电发生发展的规律及分布特征奠定了基础。其间,袁铁等(2004)根据闪电活动的频繁程度将我国大致分为近海区域、中部区域、西部区域和西部边境区域 4 条闪电活动带,并指出呈现季节变化和日变化的时间分布特征;同时在区域上表现为由东南向西北递减,随着纬度的减小闪电活动呈现出明显增大的趋势。此外,郑栋等(2005)、易燕明等(2006)、李照荣等(2004)、郄秀书等(2003)、袁铁等(2005)、郭三刚等(2005)分别对北京及其周边地区夏季、广州市、兰州周边、青藏高原东北部地区、青藏高原中部、青海东北部地区等部分地区地闪活动的时空特征进行了研究。这些结果表明,不同地区由于地形、地理环境等因素的不同,其闪电活动特征存在一定的差异。

　　贵州地处云贵高原东侧,属典型的喀斯特地貌发育区域,受地形变化影响形成的立体气候特征明显,造成境内雷暴活动复杂多变。近年来,随着人工观测手段逐步被自动监测取代,以及自动实时监测资料的逐步累积,有待对贵州地区闪电活动特征进一步的分析研究。据此,应用贵州闪电监测网资料,分析闪电活动时空分布特征,为雷电灾害防御及工程防护提供参考依据。

2.1　贵州省闪电频数时空分布特征

　　近年来,随着闪电监测资料的逐步积累,采用历史闪电监测资料可以更加方便的测算特定区域范围内的地闪密度。贵州省地闪活动频繁程度呈现西高东低,高值区出现在毕节北部、六枝及六枝周边水城、盘县、普安、晴隆、镇宁、普安等的大部分区域,年平均闪电密度高达 7.15 次/km^2;低值区分布在黔东南的中东部的台江、剑河、黎平等地和黔南的中南部独山、平塘等地,密度小于 1.86 次/km^2(见图 2.1)。

　　为进一步详细分析闪电活动分布特征,分别统计年、月、日及逐日各时段的正闪、负闪、总闪电次数。采用 3—5 月、6—8 月、9—11 月和 12 月到次年 2 月分别代表春、夏、秋、冬 4 个季节。每日 08—20 时(北京时,下同)($08 < t \leqslant 20$)、20—08 时($20 < t \leqslant 08$)和 00—24 时($00 < t \leqslant 24$)分别代表白天、夜间和全天。按照整点分别统计 00—01 时($0 < t \leqslant 1$,下同),01—02 时,

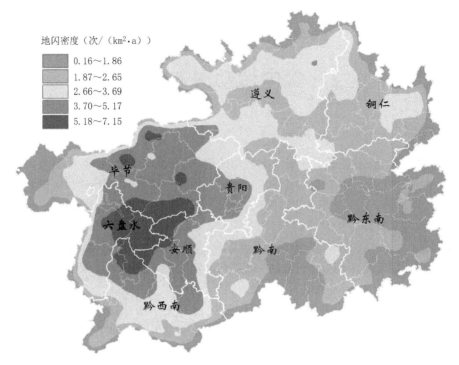

图 2.1 贵州省年均闪电密度分布(附彩图)

…,22—23 时,23—00 时(北京时)的闪电次数和雷电流幅值强度,标记为 01 时,02 时,…,23 时,00 时的闪电次数和雷电流幅值平均强度。

2.1.1 时间分布

(1)年变化特征

2006—2017 年全省正负地闪频数统计情况(如表 2.1 所示),地闪频数以 2006 年最高、2015 年最少,分别为 724 830、391 223 次。闪电主要以负地闪为主,占 96% 左右;正地闪发生概率很小,正闪百分比介于 3.07%～6.36%。负地闪大约是正地闪的 25 倍,这与雷暴云中电荷结构大致呈现上正下负有关,负电荷接近地面更易于对地进行大规模的放电。

各年度 20—07 时的地闪频数高于 08—19 时,夜间多于白天,年平均夜间发生的地闪频数达 280 074 次,占年均日闪电次数的 57.97%;年平均负地闪夜间达到 265 831 次,昼夜比为 0.74。正地闪昼夜比低于负地闪昼夜比,夜间发生正极性闪电的比例高于负极性闪电。

表 2.1 2006—2017 年贵州省正地闪、负地闪和总地闪频数分布统计表

年份	闪电类别	闪电次数	正地闪百分比(%)	08—19 时闪电次数	20—07 时闪电次数	昼夜比
2006	正地闪	25 345		6 900	18 445	0.37
	负地闪	699 485	3.50	276 964	422 521	0.66
	总地闪	724 830		283 864	440 966	0.64
2007	正地闪	20 885		6 160	14 725	0.42
	负地闪	582 382	3.46	242 649	339 733	0.71
	总地闪	603 267		248 809	354 458	0.70

年份	闪电类别	闪电次数	正地闪百分比（%）	08—19时闪电次数	20—07时闪电次数	昼夜比
2008	正地闪	23 432		6 238	17 194	0.36
	负地闪	606 560	3.72	282 636	323 924	0.87
	总地闪	629 992		288 874	341 118	0.85
2009	正地闪	16 513		5 505	11 008	0.50
	负地闪	521 040	3.07	244 757	276 283	0.89
	总地闪	537 553		250 262	287 291	0.87
2010	正地闪	19 488		5 115	14 373	0.36
	负地闪	424 401	4.39	149 214	275 187	0.54
	总地闪	443 889		154 329	289 560	0.53
2011	正地闪	16 906		5 136	11 770	0.44
	负地闪	415 605	3.91	164 423	251 182	0.65
	总地闪	432 511		169 559	262 952	0.64
2012	正地闪	14 065		4 233	9 832	0.43
	负地闪	389 868	3.48	172 893	216 975	0.80
	总地闪	403 933		177 126	226 807	0.78
2013	正地闪	15 453		4 380	11 073	0.40
	负地闪	403 799	3.69	183 056	220 743	0.83
	总地闪	419 252		187 436	231 816	0.81
2014	正地闪	22 421		6 853	15 568	0.44
	负地闪	392 850	5.40	152 350	240 500	0.63
	总地闪	415 271		159 203	256 068	0.62
2015	正地闪	21 939		6 439	15 500	0.42
	负地闪	369 284	5.61	130 902	238 382	0.55
	总地闪	391 223		137 341	253 882	0.54
2016	正地闪	26 107		8 687	17 420	0.49
	负地闪	384 045	6.36	186 139	197 906	0.94
	总地闪	410 152		194 826	215 326	0.90
2017	正地闪	21 978		7 976	14 002	0.57
	负地闪	363 165	6.05	176 524	186 641	0.94
	总地闪	385 143		184 500	200 643	0.92
平均	正地闪	20 378		6 135	14243	0.43
	负地闪	462 707	4.22	196 876	265831	0.74
	总地闪	483 085		203 011	280074	0.72

（2）月变化特征

这12年间，贵州全境逐月均有闪电发生，云地闪（CG）月变化呈现"双峰"变化，主要集中在3—10月，占总闪电频数的96.6%；夏季太阳直射点北移，太平洋水汽源源不断的输送至高原，形成的暖湿气流上升易于强对流天气的形成，不稳定能量的增强为雷暴天气的产生提供了必要条件,闪电高发月分布在 5—8 月,闪电频次均达 10000 次。正地闪(＋CG)月变化呈现"单峰"变化,高发月集中在 3—8 月,占总闪电频数的 92.2%;而正闪频数占总闪的比例随月份呈现"单峰"变化,峰值区域集中在 12 月至次年 1 月,分布在冬季,分布占 32.2%、42.8%,远高于年均比例 5%,其原因是冬季雷暴由于较强的风切变,导致雷暴云中偶极电荷结构发生倾斜,上部的正极性电荷较易对地发生放电。(如图 2.2 所示)

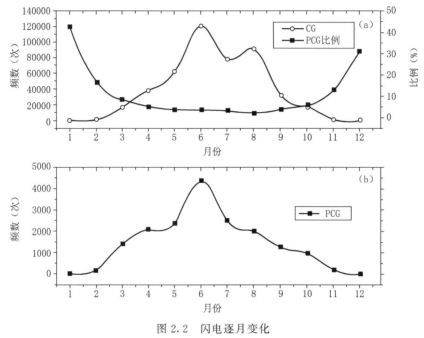

图 2.2　闪电逐月变化

(a. 总地闪频数及正地闪比例;b. 正地闪频数)

(3)日变化特征

闪电日变化逐时均有闪电发生,云地闪(CG)日变化呈现"单峰单谷"变化,闪电频次低值区出现在正午前的 5 小时内,10 时达到最小值,13 时候呈现上升趋势,17 时达到一天中的最大值。正地闪(＋CG)大致呈现"准单峰单谷",闪电频次谷值出现在 12 时,峰值约为谷值的 6 倍,且峰值较 CG 滞后 6 个小时至 0 时(如图 2.3a 所示)。＋CG 比例高值区出现在 08—11 时(如图 2.3b 所示),该时段闪电活动较弱,CG 频次为一天中的低值区;随后迅速下降至极值点 13 时,较 CG 峰值点提前 3 个小时;这可能与高原大气辐射有关,午后至傍晚受到太阳辐射的加热作用,下垫面温度升高,负离子向热端运动,致使更多的负电荷堆积,闪电通道建立后,更多的负电荷运输至地面,＋CG 的比例急剧减少。

2.1.2　空间分布

(1)季度变化特征

贵州全省闪电频繁程度存在显著的季节性变化,闪电活动主要发生在夏季,年平均闪电密度可达 4.6 次/km²,春季次之,秋季显著减弱,而冬季年平均闪电密度低至 0.06 次/km²,为全年最弱。

不同季节闪电密度存在区域性差异,春季闪电频繁程度分布以三个高密度区为中心,向周边呈现带状或块状递减(如图 2.4 所示)。高密度区主要分布在黔西、织金、六枝周边等贵州中

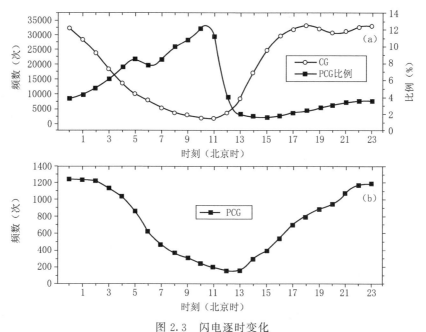

图 2.3 闪电逐时变化

(a. 总地闪频数及正地闪比例; b. 正极性闪电频数)

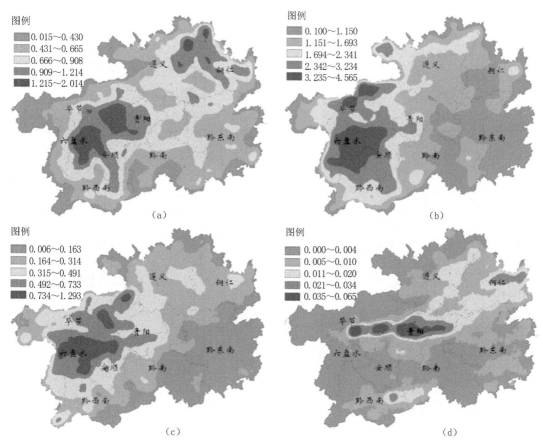

图 2.4 贵州地闪密度季节变化(单位:次/km² · a)(附彩图)

(a. 春季, 3—5月; b. 夏季, 6—8月; c. 秋季, 9—11月; d. 冬季, 12月至次年2月)

西部以及贵州东北务川等少部分区域,年平均闪电密度可达 2.01 次/km²。夏季由于受西南季风和副热带高压(以下称副高)的共同作用,以及地形抬升的影响,闪电活动西部整体高于东部。闪电活动高发区主要分布在毕节中部及北部、六枝及六枝周边水城、盘县、普安、晴隆、镇宁、普安、织金的大部分区域,闪电密度均高于 3.24 次/(km²·a)。到了秋季,副高逐渐退去,西南季风也随之减弱,高原主要受大陆干燥性气团控制,热力和水汽条件减弱,闪电密度显著减小。闪电逐渐向西北方向活动,高发区仍位于贵州西部六枝、水城、普定、织金、纳雍一带,闪电密度小于 1.30 次/(km²·a)。冬季闪电活动显著减少,闪电密度低且分布区域较小,集中分布在东北部和中部,最大值区域位于修文、纳雍、黔西一带,地闪密度低至 0.06 次/(km²·a)。

(2)时段变化特征

受太阳辐射强度和地形变化的影响,全省闪电频繁程度呈现显著的时段性及地域性变化(如图 2.5 所示)。闪电活动主要发生在前半夜(20 时至次日 01 时),闪电频繁程度分布以水城、六枝、镇宁、普定、织金等地为中心,向周边呈现带状或块状递减。高密度区闪电密度可达 4.36 次/km²。14—19 时次之,由于受地形抬升热力作用的影响,西北闪电活动高于东部,高值区分布在毕节、赫章、大方、黔西、水城、钟山区、盘县、普安、晴隆的大部分区域,闪电密度可达 2.83 次/(km²·a)。后半夜显著减弱,出现两个高密度区,分别位于西南部的镇宁、晴隆、紫云、望谟等地以及东北部的德江、沿河、道真、务川、凤冈等地,最大闪电密度可达 1.25 次/(km²·a);而上午(08—13 时)最大闪电密度低至 0.37 次/km²,为全天最弱,高密度区分布较为分散。

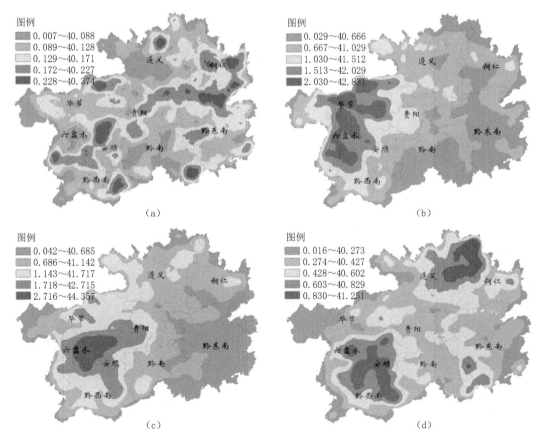

图 2.5　贵州地闪密度时段变化(单位:次/(km²·a))(附彩图)

(a.上午,08—13 时;b.下午,14—19 时;c.前半夜,20 时至次日 01 时;d.后半夜,02—07 时)

2.2 雷暴气候特征

雷暴活动的气候特征反映了雷暴活动的多年数理统计结果。张敏锋等(1998)认为近30年来我国大部分地区平均雷暴频数在波动中减少,而东北地区年平均雷暴日有增加的趋势。贵州地处云贵高原东侧,属亚热带季风湿润型气候,是典型的山区省份。受西南季风、东南季风、青藏高压、太平洋副高、沿海热带风暴及特殊的地理环境和地形地貌影响,造成全省境内冷暖空气交汇活动频繁,天气气候复杂多变,频繁出现强雷暴单体和雷暴群、中尺度对流复合体(MCC)、飑线、暴雨云团、低空急流等强对流中小尺度天气系统,引发雷电天气频繁多变。据此选取贵州省地面观测站点的雷暴日资料,分析雷暴活动的空间分布及年际变化、周期变化的气候规律。

贵州省年平均雷暴日多达51 d,属多雷暴区。全省年平均雷暴日分布达38~74 d(如图2.6所示),西南部为雷暴活动的高发区,主要集中在罗甸、晴隆、兴仁、普安、盘县等地,其年平均雷暴日均大于60 d以上,属强雷暴区;西北部为雷暴活动的低发区,除赤水、仁怀、道真、务川四县年平均雷暴日数小于40 d(中雷暴区)外,其余地区均为多雷暴区。此外,全省雷暴活动由西南向东北沿线逐渐减弱,由东南向西北及北部减弱。总体西部强于东部,北部最弱。影响贵州的天气系统主要从西南、东南部进入,天气系统移动的过程中,在迎风坡的抬升作用和局地对流的影响下,容易得到发展和成熟,因此,西南、东南部成为全省雷暴相对频发地带。

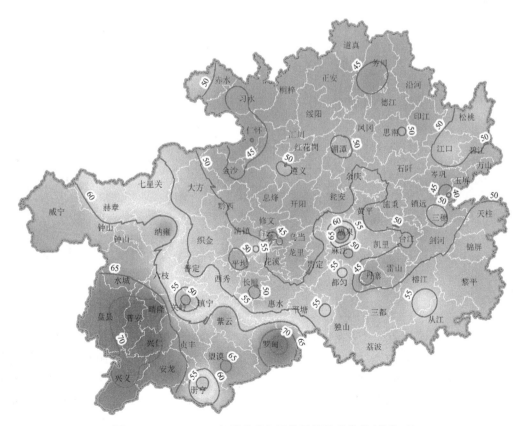

图2.6 1962—2011年贵州省年平均雷暴活动分布(单位:d)

2.2.1 EOF 分析

为了清楚地显示贵州雷暴的主要时空分布特征,对雷暴资料进一步进行 EOF 分析。EOF 方法用于地球物理场中,具有浓缩信息,截取主要分量,排除高频项随机干扰等点,用于提取气象场时空变化的优势信号特征具有明显的优点,已成为单个气象场诊断分析的主要工具。

将贵州省雷暴日变量场的观测资料一矩阵形式列出:

$$X = \begin{bmatrix} x_{11} & x_{12} & \cdots & x_{1j} & \cdots & x_{1n} \\ x_{21} & x_{12} & \cdots & x_{2j} & \cdots & x_{2n} \\ \vdots & \vdots & & \vdots & & \vdots \\ x_{i1} & x_{i2} & \cdots & x_{ij} & \cdots & x_{in} \\ \vdots & \vdots & & \vdots & & \vdots \\ x_{m1} & x_{m2} & \cdots & x_{mj} & \cdots & x_{mn} \end{bmatrix} \tag{2.1}$$

其中,$m = 79$,为观测站站点数 79;$n = 50$,为时间序列;x_{ij} 表示在第 i 个观测站上第 j 年的雷暴日数。

EOF 展开,分解为空间函数和时间函数两部分的乘积之和

$$x_{ij} = \sum_{k=1}^{m} v_{ik} t_{kj} = v_{i1} t_{1j} + v_{i2} t_{2j} + \cdots + v_{im} t_{mj} \tag{2.2}$$

矩阵形式

$$\boldsymbol{X = VT} \tag{2.3}$$

$$\boldsymbol{V} = \begin{bmatrix} v_{11} & v_{12} & \cdots & v_{1m} \\ v_{21} & v_{22} & \cdots & v_{2m} \\ \vdots & \vdots & & \vdots \\ v_{m1} & v_{m1} & \cdots & v_{mm} \end{bmatrix} \tag{2.4}$$

$$\boldsymbol{T} = \begin{bmatrix} t_{11} & t_{12} & \cdots & t_{1n} \\ t_{21} & t_{22} & \cdots & t_{2n} \\ \vdots & \vdots & & \vdots \\ t_{m1} & t_{m1} & \cdots & t_{mn} \end{bmatrix} \tag{2.5}$$

根据正交性,$\boldsymbol{V}$ 和 $\boldsymbol{T}$ 应该满足下列条件

$$\begin{cases} \sum_{i=1}^{m} v_{ik} v_{il} = 1, \text{当 } k = l \text{ 时} \\ \sum_{j=1}^{n} t_{kj} t_{lj} = 0, \text{当 } k \neq l \text{ 时} \end{cases} \tag{2.6}$$

雷暴活动具有明显的地域分布特征,EOF 方法分解出的特征向量正好能够反映出气象场变化的空间结构。利用 EOF 方法分解贵州省 79 个测站近 50 年雷暴活动距平值,前四个特征向量累计贡献率达到了 77.95%,因此选取第一、二、三、四特征向量场作为代表,分析贵州省雷暴活动变化特征的分布场。其中第一特征向量累计贡献率为 66.16%,最能代表近 50 年分布场变化特征。

图 2.7 给出了 EOF 分析前四个主要特征向量的空间分布场。第一特征向量载荷值一致

为正,称为全区一致型(如图 2.7a 所示),主要受季风的影响,反应全省雷暴活动一致或多或少,或增或减。结合第一特征向量对应的时间系数(如图 2.8a 所示)可以看出,这种分布具有明显的年际震荡和年代际变化特征,第二特征向量(如图 2.7b 所示)载荷零线呈纬向分布,表现为北负南正,称为纬向型。反应贵州北部和南部变化的反位相关系,即北多(少)南少(多)。结合其对应的时间系数(如图 2.8b 所示)表明,全省雷暴活动大致以 20 世纪 80 年代为界,前期呈现北部偏多、南部偏少的分布,后期反之。第三特征向量(如图 2.7c 所示)空间大致呈现西南—东北一线分布,称为经向型;第四特征向量(如图 2.7d 所示)大致由北向南呈现正—负—正的分布,也为纬向型。第三、四型分布对应的时间系数与第一型类似,同样呈现明显的年际震荡和年代际变化特征(如图 2.8c、d 所示)。

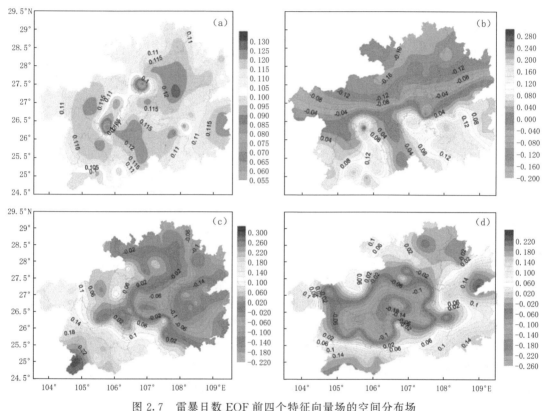

图 2.7　雷暴日数 EOF 前四个特征向量场的空间分布场
(a. 第一特征向量;b. 第二特征向量;c. 第三特征向量;d. 第四特征向量)

2.2.2　小波分析

小波分析(Wavelet Analysis)亦称多分辨率分析(Multiresolution Analysis),被认为是傅里叶分析方法的突破。经典傅里叶分析的本质是将一个关于时间 t 的函数 $f(t)$ 变换到频域上:

$$F(\omega)=\int_R f(t)e^{iwt}\,\mathrm{d}t \qquad (2.7)$$

其中,ω 为频率,R 为实数域。$F(\omega)$ 确定了 $f(t)$ 在整个时间域上的频率特征。但是经典的傅里叶变换几乎不能获取信号在任意时刻的频率特征,存在时域和频域的局部化矛盾。于是Gabor 等(1964)引入窗口傅里叶变换:

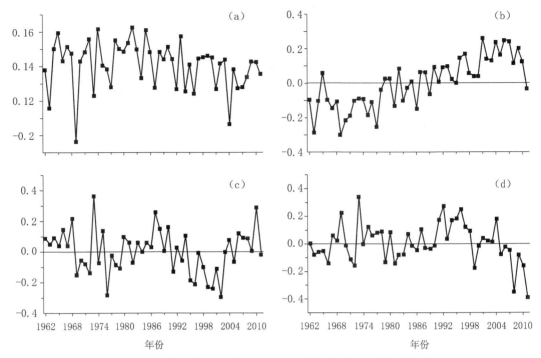

图 2.8　雷暴日数 EOF 前四个特征向量场的时间系数演变序列

(a. 第一特征向量;b. 第二特征向量;c. 第三特征向量;d. 第四特征向量)

$$\widetilde{F}(\omega,b) = \frac{1}{\sqrt{2\pi}} \int_R f(t) \overline{\Psi}(t-b) e^{-i\omega t} \, \mathrm{d}t \tag{2.8}$$

其中,函数 $\Psi(t)$ 为固定的窗函数,$\overline{\Psi}(t)$ 是 $\Psi(t)$ 的共轭复数,b 是时间参数。为了达到时间域上的局部化,在基本变换函数之前乘以一个时间上有限的时限函数 $\Psi(t)$,随时间 b 的变换,Ψ 确定的时间窗在 t 轴上移动,实现对 $f(t)$ 进行变换。反映信号高频成分的用窄的时间窗,低频成分则用宽的时间窗,于是在窗口傅里叶变换局部化思想基础上产生了窗口大小固定、形状可改变的时频局部化分析,即小波分析。

若函数 $\Psi(t)$ 为满足下列条件的任意函数:

$$\begin{cases} \displaystyle\int_R \Psi(t) \, \mathrm{d}t = 0 \\ \displaystyle\int_R \frac{|\hat{\Psi}(\omega)|^2}{|\omega|} \mathrm{d}\omega < \infty \end{cases} \tag{2.9}$$

其中,$\hat{\Psi}(\omega)$ 是 $\Psi(t)$ 的频谱。令

$$\Psi_{a,b}(t) = |a|^{-\frac{1}{2}} \Psi\left(\frac{t-b}{a}\right) \tag{2.10}$$

为连续小波,Ψ 为基本小波或母小波,为双窗口函数,一个是时间窗,一个是频率窗。函数 $f(t)$ 小波变换的连续形式为

$$\omega_f(a,b) = |a|^{-\frac{1}{2}} \int_R f(t) \overline{\Psi}\left(\frac{t-b}{a}\right) \mathrm{d}t \tag{2.11}$$

由此可见,小波变换函数是通过母小波的伸缩和平移得到,小波变换的离散形式为

$$\omega_f(a,b) = |a|^{-\frac{1}{2}} \Delta t \sum_{i=1}^{n} f(i\Delta t) \Psi\left(\frac{i\Delta t - b}{a}\right) \tag{2.12}$$

其中，Δt 为取样时间间隔，n 为样本量。离散化的小波变换构成标准正交系，扩充实际用于领域。

小波方差为

$$\text{var}(a) = \sum \left[\omega_f(a,b) \right]^2 \tag{2.13}$$

常见的目标母函数有 Haar 小波、Daubechies(dbN)小波、Mexican Hat(mexh)小波、Morlet 小波、Meyer 小波等。：

（1）Harr（哈尔）小波

Haar 函数是小波分析中最早用到的一个具有紧支撑的正交小波函数，也是最简单的一个小波函数，它是支撑域在 $t \in [0,1]$ 范围内的单个矩形波。Haar 函数的定义如下：

$$\Psi(t) = \begin{cases} 1, & 0 \leqslant t < \dfrac{1}{2} \\ -1, & \dfrac{1}{2} \leqslant t < 1 \\ 0, & \text{其他} \end{cases} \tag{2.14}$$

（2）Daubechies(dbN)小波

Daubechies 小波是世界著名的小波分析学者 Inrid·Daubechies 构造的小波函数，简写为 dbN，N 是小波的阶数。小波 $\Psi(t)$ 和尺度函数 $\phi(t)$ 中的支撑区为 $2N-1$，$\Psi(t)$ 的消失矩为 N。除 $N=1$（Harr 小波）外，dbN 不具有对称性（即非线性相位）。除 $\Psi(t)$（Harr 小波）外，dbN 没有明确的表达式，但转换函数 h 的平方模是明确的，令

$$p(y) = \sum_{k=0}^{N-1} C_k^{N-1+k} y^k \tag{2.15}$$

其中 C_k^{N-1+k} 为二项式系数，则有

$$\left| m_0(\omega) \right|^2 = \left(\cos^2 \frac{\omega}{2} \right) p \left(\sin^2 \frac{\omega}{2} \right) \tag{2.16}$$

$$m_0(\omega) = \frac{1}{\sqrt{2}} \sum_{k=0}^{2N-1} h_k e^{-jk\omega} \tag{2.17}$$

（3）Mexican Hat(mexh)小波

Mexican Hat 函数为 Gauss 函数的二阶导数，因为它的形状像墨西哥帽的截面，所以也称为墨西哥帽函数

$$\Psi(t) = (1-t^2) \frac{1}{\sqrt{2\pi}} e^{-\frac{t^2}{2}}, \quad -\infty < t < \infty \tag{2.18}$$

对 1962—2011 年贵州省雷暴日数作小波变换分析，图 2.9 为小波变换平面图，上半部分为低频，等值线相对稀疏，对应较长尺度周期的振荡；下半部分为高频，等值线相对密集，对应较短尺度周期的振荡。全省存在 8~10 年和 2~3 年的振荡周期，其中在 8~10 年的时间尺度上，近 50 年雷暴活动经历了 6 个交替循环，且正、负中心交替出现。此外，由于零线有闭合趋势，可以推知未来几年贵州省雷暴活动将持续维持在偏少期。

2.2.3　Mann-Kendall 检验

降雨、径流分析采用非参数检验方法 Mann-Kendall 法（曼-肯德尔）检验法来检测泾河合水川流域降水的长期变化趋势和突变情况。在时间序列趋势分析中，Mann-Kendall 检验方

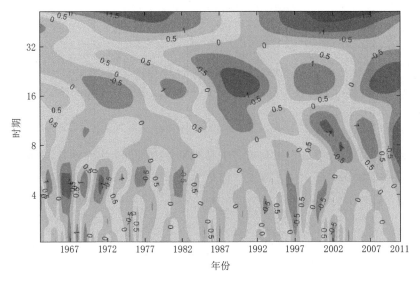

图 2.9　近 50 年雷暴的小波系数时-频分布

法,最初由 Mann 和 Kendall 提出,许多学者不断应用 Mann-Kendall 方法分析降水、径流、气温和水质等要素时间序列趋势变化。Mann-Kendall 检验不需要样本遵循一定的分布,也不受少数异常值的干扰,适用于水文、气象等非正态分布的数据,计算方便。

在 Mann-Kendall 检验中,原假设 H_0 为时间序列数据 $(X_1, \cdots, X_n)$,是 n 个独立的、随机变量同分布的样本;备择假设 H_1 是双边检验,对于所有的 $k, j \leqslant n$,且 $k \neq j$,X_k 和 X_j 的分布是不相同的,检验的统计量 S 计算如下式:

$$S = \sum_{k=1}^{n-1} \sum_{j=k+1}^{n} \mathrm{Sgn}(X_j - X_k) \tag{2.19}$$

$$\mathrm{Sgn}(X_j - X_k) = \begin{cases} +1 & (X_j - X_k) > 0 \\ 0 & (X_j - X_k) = 0 \\ -1 & (X_j - X_k) < 0 \end{cases} \tag{2.20}$$

S 为正态分布,其均值为 0,方差为

$$V_{\mathrm{ar}}(S) = n(n-1)(2n+5)/18 \tag{2.21}$$

当 $n > 10$ 时,标准的正态系统变量通过下式计算:

$$Z = \begin{cases} \dfrac{S-1}{\sqrt{V_{\mathrm{ar}}(S)}} & S > 0 \\ 0 & S = 0 \\ \dfrac{S+1}{\sqrt{V_{\mathrm{ar}}(S)}} & S < 0 \end{cases} \tag{2.22}$$

这样,在双边的趋势检验中,在给定的 α 置信水平上,如果 $|Z| \geqslant Z_{1-\alpha/2}$,则原假设是不可接受的,即在 α 置信水平上,时间序列数据存在明显的上升或下降趋势。对于统计量 Z,大于 0 时是上升趋势;小于 0 时是下降趋势。Z 的绝对值在大于等于 1.28、1.64 和 2.32 时,分别表示通过了信度 90%、95% 和 99% 的显著性检验。

当 Mann-Kendall 检验进一步用于检验序列突变时,检验统计量与上述 Z 有所不同,通过构造一秩序列:

$$S_k = \sum_{i=1}^{k} \sum_{j}^{i-1} \alpha_{ij} \quad (k=2,3,4,\cdots,n) \tag{2.23}$$

其中，$\alpha_{ij} = \begin{cases} 1 & X_i > X_j \\ 0 & X_i < X_j \end{cases} \quad (1 \leqslant j \leqslant i)$。

定义统计变量：

$$UF_k = \frac{[S_k - E(S_k)]}{\sqrt{V_{ar}(S_k)}} \quad (k=1,2,\cdots,n) \tag{2.24}$$

其中，$E(S_k) = k(K+1)/4$；$V_{ar}(S_k) = k(k-1)(2k+5)/72$。

UF_k 为标准正态分布，给定显著性水平 α，若 $|UF_k| > U_{\alpha/2}$，则表明序列存在明显的趋势变化，将时间序列 x 按逆序排列，再按照上式计算，同时使

$$\begin{cases} UB_k = -UF_k \\ UB_1 = 0 \end{cases} \quad (k=n,n-1,\cdots,1) \tag{2.25}$$

通过分析统计序列 UF_k 和 UB_k 可以进一步分析序列 x 的趋势变化，而且可以明确突变的时间，指出突变的区域。若 UF_k 值大于 0，则表明序列呈上升趋势；小于 0 则表明呈下降趋势；当它们超过临界直线时，表明上升或下降趋势显著。如果 UF_k 和 UB_k 这两条曲线出现交点，且交点在临界直线之间，那么交点对应的时刻就是突变开始的时刻。

图 2.10 为雷暴日数的 Mann-kendall 突变检验的 UF(正序列)及 UB(逆序列)曲线。由 UF 曲线可见，自 20 世纪 80 年代以来，全省雷暴活动有明显减弱的趋势，尤其在 90 年代以后，这种减弱的趋势均超过显著性水平 0.05 临界线($u_{0.05} = -1.96$)。由 UF 和 UB 曲线交点位置，确定贵州省雷暴活动自 20 世纪 80 年代的减弱是一突变现象，具体是从 1986 年开始的。具体变化情况由图 2.11 可知，分析 50 年来雷暴活动序列，以 4.09 d/(10 a)的趋势递减。全省以 1986 年为界，后一时期气候变率为 -4.12 d/(10 a)，远大于前一时期(-1.41 d/(10 a))。

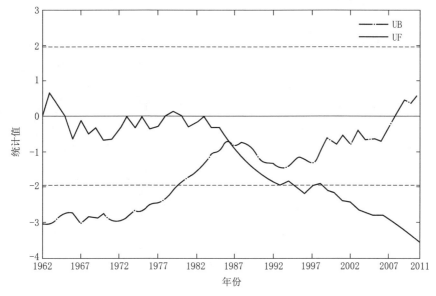

图 2.10　近 50 年平均雷暴日数 M-K 检验

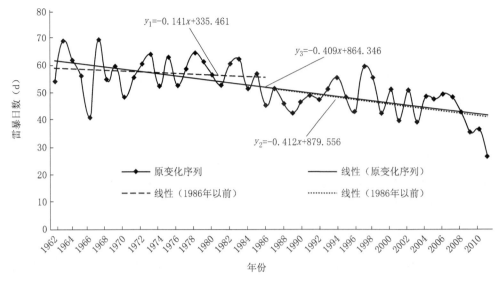

图 2.11   近 50 年平均雷暴日数序列变化

2.2.4   信息扩散论

信息扩散是一种对样本进行集值化的模糊数学处理方法,它可以将单值样本变成集值样本。最简单的模型是一维线性信息分配模型。最原始的形式是信息分配方法,最简单的信息扩散函数是正态扩散函数。将一个分明值的样本点,变成一个模糊集或者说,是把单值样本点,变成集值样本点。具体如下:

设 X_i 为雷暴发生的样本,某区县 m 年内实际记录为 $x_1,x_2,x_3,\cdots,x_m$,则 $X_i=\{x_1, x_2,x_3,\cdots,x_m\}$,$X$ 为记录样本集合,X_i 为样本到实际观测值。

设研究样本指标论域为

$$U=\{u_1,u_2,u_3,\cdots,u_n\}$$

单值观测样本点 x 其所携带的信息按照式(2.26)依次扩散到集合 U 中;

$$f(u)=\frac{1}{h\sqrt{2\pi}}\exp\left[-\frac{(x-u_n)^2}{2h^2}\right] \tag{2.26}$$

其中 h 称为扩散系数。可根据样本最大值 b 和最小值 a 及样本点个数 m 来确定。公式为

$$h=\begin{cases} 0.6841(b-a), & m=5 \\ 0.5404(b-a), & m=6 \\ 0.4482(b-a), & m=7 \\ 0.3839(b-a), & m=8 \\ 2.6851(b-a)/(m-1), & m\geqslant 9 \end{cases} \tag{2.27}$$

令

$$C_i=\sum_{j=1}^{n}f_i(u_j) \tag{2.28}$$

相应的模糊子集的隶属函数:

$$\varphi_{x_i}(u_j)=\frac{f_i(u_j)}{C_j} \tag{2.29}$$

称 $\varphi_{x_i}(u_j)$ 为样本点 X_i 的归一化信息分布,对其进行处理,便可得到一种效果较好的风险评估结果。

令

$$\omega(u_j) = \sum_{i=1}^{m} \varphi_{x_i}(u_j) \tag{2.30}$$

其物理意义是,由 $\{x_1, x_2, x_3, \cdots, x_m\}$ 经信息扩散推断出,如果灾害观测值只能取 $u_1, u_2, u_3,$ $\cdots, u_n$ 中的一个,在将 x_i 均看作是样本点代表时,观测值为 φ_j 的样本点个数 $\omega(u_j)$。显然 $\omega(u_j)$ 通常不是一个正整数,但一定是一个不小于零的数。

易知样本点落在 u_j 处的频率值:

$$p(u_j) = \frac{\omega(u_j)}{\sum_{j=1}^{n} \omega(u_j)} \tag{2.31}$$

对于 $X_i = \{x_1, x_2, x_3, \cdots, x_m\}$,$x_j$ 取为论域 U 中的某一个元素 u_j。显然,超越 u_j 的概率值应为

$$p(u \geqslant u_j) = \sum_{k=j}^{m} p(u_k) \tag{2.32}$$

根据《建筑物电子信息防雷设计规范》(GB 50343—2012),雷暴活动强度等级划分标准如表 2.2 所示。

表 2.2 雷暴活动强度等级划分标准

评价指标	少雷区	中雷区	多雷区	强雷区
强度(d)	$X \leqslant 25$	$25 < X \leqslant 40$	$40 < X \leqslant 90$	$X > 90$

选取贵州省 84 个区县气象台站 1986—2010 年雷暴日观测资料为样本,根据雷暴日数的变化范围,把一维实数空间上的集合 [5,100] 转变为离散论域。考虑到实际分布情况,构建离散论域 $U = \{20, 25, 30, 35, 40, 45, 50, 55, 60, 65, 70, 75, 80, 85, 90, 95, 100\}$。各区县扩散系数按 $h = 2.6851(b-a)/(m-1)$ 确定,其中样本点个数 m 均为 25,最大值 b 和最小值 a 在样本值中逐一确定。根据式(2.26)~(2.32)计算,结合雷暴活动强度等级划分标准,分析不同强度等级出现概率及重现率(如表 2.3 所示)。

全省雷暴活动强度分布情况表现为:少雷区、中雷区、多雷区、强雷区的发生概率分别为低于 10.78%、低于 61.82%、介于 29.42%~99.85%、低于 6.10%,雷暴活动强度大小分布集中在多雷区,即雷暴日主要分布在 40~90 天。雷暴活动强度区域分布随纬度变化,西南强、北部弱,呈现逐层递增(递减)变化。全省大部分雷暴活动强度属于中、多雷暴区。

其中少雷区发生呈现北高南低,主要分布在中北部的遵义地区。仁怀、赤水高于 5.9%,息烽、金沙、遵义(县)、瓮安、绥阳、桐梓、习水、务川、道真、沿河等地高于 1.3%。雷暴日不大于 25 天最可能发生在北部仁怀、赤水、务川等地,呈现 10~20 年一遇(如图 2.12 所示)。

中雷区发生分布与少雷区大致一致,有中北部向南部发展。其中金沙、仁怀、遵义(县)、习水、赤水、务川、道真等地在 50% 左右,正安、桐梓、绥阳、德江、沿河、凤冈、思南、印江、石阡、赫章、大方、黔西、清镇、花溪、开阳、平塘等中部大部分地区在 18.2%~40.19%(如图 2.13 所示)。多雷区发生分布与前两者相反,南高北低,除赤水、习水、仁怀、金沙、遵义(县)、道真等地外,全省发生多雷区的概率均在 50% 以上。高值区主要分布在南部、西南部及东北部分区域,包括黔西南、六盘水,及毕节、黔南、黔东南、铜仁的部分区县,其发生概率值高于 86.01%(如

图 2.14 所示)。

　　强雷暴区发生主要集中在贵州的西南部,集中在安龙、兴仁、盘县三地,大约 20 年一遇。晴隆约 30 年一遇,水城约 60 年一遇,全省绝大部分区域为百年难遇。

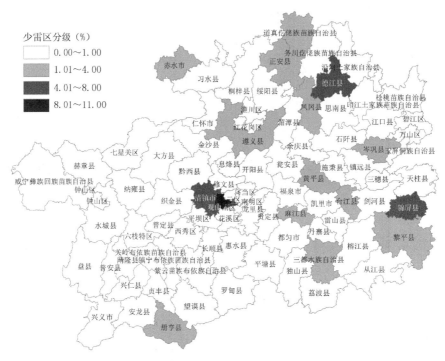

图 2.12　贵州省少雷区活动强度出现概率

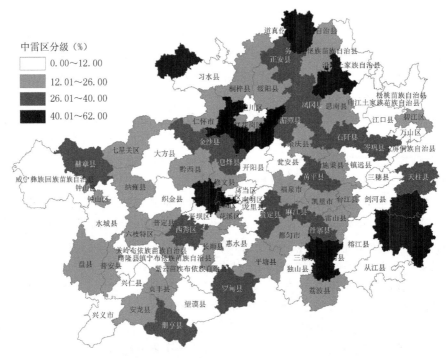

图 2.13　贵州省中雷区活动强度出现概率

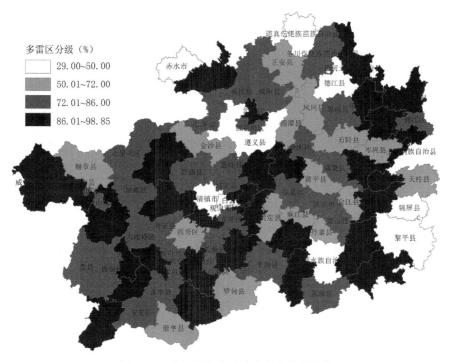

图 2.14　贵州省多雷区活动强度出现概率

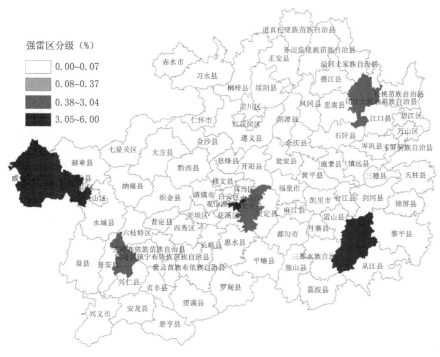

图 2.15　贵州省强雷区活动强度出现概率

表 2.3　贵州省不同雷暴活动强度发生的重现率(单位:年)

区县	少雷区	中雷区	多雷区	强雷区	区县	少雷区	中雷区	多雷区	强雷区
西秀区	—	9.0	1.1	—	荔波	—	8.7	1.1	—
关岭	—	87.2	1.0	—	龙里	—	4.4	1.3	—
平坝	—	3.0	1.5	—	罗甸	—	227.6	1.0	—
普定	—	116.7	1.0	—	平塘	115.5	5.1	1.3	—
镇宁	—	48.9	1.0	—	三都	—	13.8	1.1	—
紫云	—	76.2	1.0	—	瓮安	43.7	3.2	1.5	—
毕节	—	10.0	1.1	—	长顺	79.3	3.5	1.4	—
大方	—	3.7	1.4	—	安龙	—	374.3	1.1	19.2
赫章	360.4	5.0	1.3	—	册亨	—	14.4	1.1	—
金沙	33.9	1.7	2.5	—	普安	—	—	1.0	—
纳雍	—	39.7	1.0	—	晴隆	—	—	1.0	32.8
黔西	77.4	3.5	1.4	—	望谟	—	430.1	1.0	—
威宁	—	9.3	1.1	—	兴仁	—	—	1.1	16.4
贵阳	—	4.5	1.3	—	兴义	—	359.5	1.0	—
花溪	34.9	1.8	2.4	—	贞丰	—	62.2	1.0	—
开阳	185.8	2.6	1.6	—	德江	—	4.1	1.3	—
清镇	—	4.9	1.3	—	江口	—	12.2	1.1	—
乌当	307.3	2.7	1.6	—	石阡	—	3.9	1.4	—
息烽	39.9	3.9	1.4	—	思南	—	4.3	1.3	—
修文	—	6.0	1.2	—	松桃	—	9.0	1.1	—
六枝	—	9.9	1.1	—	铜仁	—	4.8	1.3	—
盘县	—	—	1.1	20.9	沿河	45.9	3.1	1.5	—
岑巩	—	14.5	1.1	—	印江	—	3.1	1.5	—
从江	—	8.4	1.1	—	玉屏	—	5.1	1.2	—
丹寨	—	7.2	1.2	—	赤水	9.3	1.7	3.4	—
剑河	296.7	4.3	1.3	—	道真	16.9	1.6	3.1	—
锦屏	117.0	4.3	1.3	—	凤冈	264.1	4.1	1.3	—
凯里	—	53.9	1.0	—	湄潭	77.7	3.2	1.5	—
雷山	—	5.0	1.2	—	仁怀	12.3	1.7	2.9	—
黎平	—	4.1	1.3	—	绥阳	24.7	3.0	1.6	—
麻江	181.2	6.9	1.2	—	桐梓	39.4	2.5	1.7	—
榕江	—	13.8	1.1	265.6	务川	18.8	1.7	2.9	—
三穗	—	10.5	1.1	—	习水	29.5	2.2	2.0	—
施秉	—	8.9	1.1	—	余庆	—	7.5	1.2	—
台江	—	4.1	1.3	—	正安	79.2	3.1	1.5	—
天柱	—	6.0	1.2	—	汇川区	33.3	3.2	1.5	—
镇远	—	4.7	1.3	—	播州区	38.6	2.0	2.1	—

续表

区县	少雷区	中雷区	多雷区	强雷区	区县	少雷区	中雷区	多雷区	强雷区
都匀	207.2	4.8	1.3	—	水城	—	64.9	1.0	59.0
独山	—	11.6	1.1	—	织金	—	6.5	1.2	—
福泉	475.1	5.5	1.2	—	万山	410.1	4.2	1.3	—
贵定	—	5.1	1.2	—	黄平	—	5.1	1.2	—
惠水	199.9	2.7	1.6	—	白云	13.4	1.9	2.5	—

基于信息扩散的模糊数学理论,根据规范 GB 50343—2012 划分雷暴活动强度等级,分析各区县雷暴活动强度等级分布情况,为防雷工程的合理化设计提供依据。

(1)全省各区县雷暴活动强度以中、多雷暴区为主全省大部分雷暴活动强度属于中、多雷暴区;各区县,少、中、多、强雷暴的发生概率分别为低于 10.78%、低于 61.82%、介于 29.42%~99.85%、低于 6.10%;雷暴活动强度区域分布大致随纬度变化,强雷暴、多雷暴、中雷暴、少雷暴频发区呈现由西南向北分布。

(2)西南部安龙、兴仁、盘县等地属全省强雷暴频发区,雷暴日高于 90 天的可能性高于其他区域,约为 20 年一遇;雷暴日不大于 25 天最可能发生在北部仁怀、赤水、务川等地,呈现 10~20 年一遇。

(3)防雷工程设计过程中,各区县可参照其不同等级雷暴活动强度的重现率,提出符合建设项目实际情况的防雷安全设计,力求最大化的保障生命财产安全。

3 雷电流幅值分布特征

雷电流幅值概率是国内外防雷界非常重视的雷电参数之一,是表征雷电活动频度,计算雷击闪络率的必要参数,其取值精确性直接关系着雷击闪络率的计算精确性。国内外使用的雷电流幅值概率分布表达式不同。国内先后经过三次修订,1959 年沿用公式 $\lg P_I = -I/60$;后基于国内各地 1205 个磁钢棒记录数进行拟合,沿用公式 $\lg P_I = -I/108$,并被规程 SDJ 7-1979 推荐使用;目前使用的孙萍(2000)依据新杭线 1962—1987 年的磁钢棒检测结果,基于 97 个雷击塔顶负极性雷电流幅值数据进行回归,其表达式 $\lg P_I = -I/88$ 并被电力行业规程《交流电气装置的过电压保护和绝缘配合》(DL/T 620—1997)推荐。国际上,Pobolansky、Anderson-Erikson、CIGRE等先后对不同区域雷电流幅值分布进行了研究,归纳了相应的雷电流幅值累积公式。后电气和电子工程师协会(IEEE)推荐的雷电流累积频率采用近似对数正态分布式,提出在 2 kA <雷电流 I <200 kA 时,推荐使用 Anderson-Erikson 实测数据提出的雷电流幅值的概率分布。

雷电活动很大程度上与区域性的地理条件、地质土壤、气象环境等因素有着密切的关系,其幅值概率分布存在区域差异性,仅靠某一推荐的普适公式并不能精确的反映某一区域的雷电流幅值概率分布情况。因此,王巨丰等(2007)对采用磁带法进行输电线路雷电参数实测数据进行分析,提出桂林地区雷电流幅值频率分布曲线,为电力系统的防雷研究提供了很好的手段和真实的数据。李家启(2011)等采用对数正态分布函数拟合雷电流幅值频率分布曲线,更为准确地为重庆地区这种典型库区地貌区域的城市规划和防雷减灾活动提供了理论依据。近年来,随着闪电监测网的建立,监测资料随时间的逐步积累,为了进一步研究雷电相关参数特征提供了数据支撑。本章采用贵州省雷电监测数据,分析雷电流时空分布特征,同时对"小幅值地闪"范围进行定义,并提出适合于贵州本地的雷电流幅值分布公式。适用于相关工程的计算同时,为其他地方对该公式的引用和校验提供参考。

3.1 贵州省雷电流强度时空分布特征

3.1.1 时间分布

(1)年变化特征

2006—2017 年全省正负地闪频数统计 5786233 次,其中正极性闪电为 242283 次,不到总地闪的 5%。正地闪、负地闪、总地闪的平均雷电流幅值分别为 53.50 kA、34.53 kA、35.24 kA,其幅值累积概率达到 80% 的分别为 73.1 kA、45.3 kA、46.2 kA,幅值高密区分别集中在 22.6 kA、25.4 kA、25.5 kA 附近。从表 3.1 的统计数据可以看出,正闪电强度年际变化在 31.4~68.5 kA,负闪电强度在 16.8~62.0 kA 总闪电强度在 17.2~58.7 kA;各年平均正闪电强度均大于负闪强度,差值介于 6.4~18.1 kA;各年夜间平均闪电强度仅 2008 年、2014 年、2015 年、2017 年比白天大。

表 3.1 2006—2017 年贵州省雷电流强度统计

年份	正闪电强度(kA)	负闪电强度(kA)	总闪电强度(kA)	正负闪电强度差(kA)	白天闪电强度(kA)	夜间闪电强度(kA)	昼夜闪电强度差(kA)
2006	31.4	16.8	17.2	14.6	20.2	17.3	2.85
2007	53.6	37.7	37.8	15.9	39.2	38.2	0.93
2008	58.7	42.8	43.2	15.9	44.5	45.2	−0.66
2009	52.4	35.3	35.8	17.0	36.8	36.3	0.52
2010	53.8	36.5	37.3	17.3	42.1	37.2	4.87
2011	51.4	36.1	34.4	15.3	35.8	34.7	1.06
2012	51.4	34.0	34.5	17.4	35.8	34.6	1.22
2013	53.9	35.7	36.1	18.1	37.4	36.2	1.12
2014	60.2	43.0	44.0	17.1	43.4	44.1	−0.80
2015	68.5	62.0	58.7	6.4	55.3	59.0	−3.71
2016	60.7	50.2	49.4	10.4	49.3	45.8	3.51
2017	48.0	35.9	36.3	12.2	36.2	36.5	−0.33

(2)月变化特征

图 3.1 给出了 2006—2017 年各月正闪、负闪电平均强度分布特征。正闪和负闪电强度月变化均呈现一致的"单峰"变化,峰值出现在 12 月;正闪电强度明显大于负闪。统计资料表明,平均负闪电强度最大值在 12 月,为 65.7 kA,最小值在 4 月,29.4 kA,最大值与最小值相差 36.3 kA;平均正闪电强度最大值在 12 月,为 116.2 kA,最小值出现在 5 月,为 50.8 kA,最大值与最小值相差 65.4 kA,是负闪电强度变化幅度的 1.8 倍左右。从上述分析可知,正闪电平均强度和变化幅度明显大于负闪,闪电强度月变化特征与空气温度月变化大致呈相反关系,即正闪电强度随月平均气温增高而减小,反之,温度降低,其强度相应增加。其主要原因可能与空气密度有一定关系,具体原因有待进一步研究。

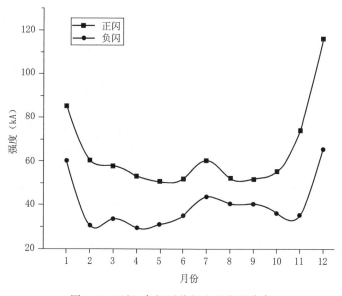

图 3.1 正闪、负闪平均闪电强度月分布

(3)日变化特征

为进一步研究闪电强度日变化规律,统计 2006—2017 年逐小时平均正闪和负闪电强度

（如图 3.2 所示），正闪、负闪电强度日变化大致呈单峰单谷型，但正闪电强度日变化幅度明显强于负闪电。正闪电强度从 15 时开始呈波动式增强，至次日 11 时达最大值为 62.8 kA，从 12 时开始呈波动式减少，下午 15 时达最小值为 50.2 kA，尤其是 12—15 时，正闪电强度急剧下降。负闪电强度日变化幅度小于正闪，极大值出现时段在 10—11 时，平均强度值为 41.9 kA。

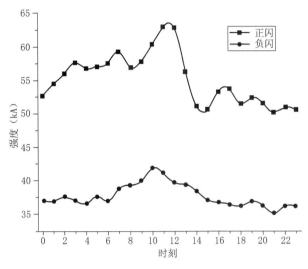

图 3.2　正闪、负闪平均闪电强度日分布

3.1.2　空间分布

为便于分析闪电强度空间分布，剔除极端异常值的影响，采用 0.2°×0.2° 的网格对历史闪电资料进行网格化处理，统计网格内闪电强度值，分析闪电强度空间分布。处理后的正极性闪电强度值介于 4.4～140 kA，高值区分布较为零散，主要分布在赫章、威宁、兴仁、罗甸、册亨、荔波、天柱、瓮安、红花岗等区县的局部区域（如图 3.3 所示）；负极性闪电强度相对较小，介于 2.4～47 kA，在红花岗、汇川、绥阳、桐梓及威宁、赫章一带呈现两个明显的高值区（如图 3.4 所示）。

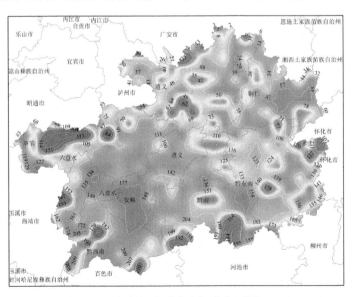

图 3.3　正极性闪电强度空间分布（单位：kA）

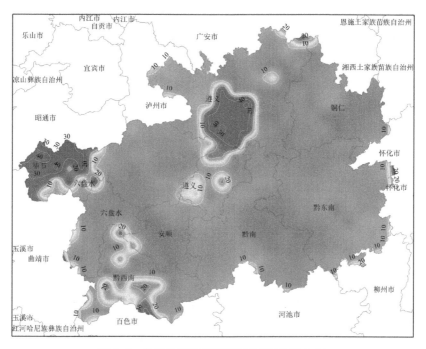

图 3.4　负极性闪电强度空间分布(单位:kA)

3.2　"小幅值地闪"范围定义

自 20 世纪 80 年代以来,我国开始逐步建设基于时差侧向原理的闪电定位系统。ADTD型时差侧向定位系统自 20 世纪 90 年代开始在我国投入使用。贵州省于 2006 年开始先后建成了 ADTD 闪电定位系统,并加入国家闪电监测网,实现了地闪时间、位置、强度及极性等主要参数的监测,在研究贵州省雷电活动规律、雷电监测预警、雷灾鉴定和防护技术的应用中发挥了重要作用。而随着闪电定位资料深度分析运用,研究人员发现存在云闪放电所产生的闪电对地闪数据的干扰,需要将这部分云闪误探为地闪的资料(通常称为"小幅值地闪")剔除。

国内外学者普遍认为:雷电流幅值概率分布符合对数正态分布。在 20 世纪 80 年代提出了部分云闪可能被误测为地闪,Carey 等(2003)指出,除非能确定强度在 10 kA 以内的正闪为地闪,否则小的正闪将被定为云闪;1972 年 Pobolansky 根据欧洲、澳洲和美国观测结果,提出雷电流服从正态分布,对小幅值地闪界定为 2 kA 以下数值;IEEE 建议剔除雷电流幅值在 −2~2 kA 的地闪数据;栾健等(2013)研究重庆地区闪电数据时发现,10 kA 以下部分的闪电数据对整体数据的拟合效果仍存在干扰,剔除 5 kA 以下的闪电数据后拟合效果最佳。虽然国内外学者在研究闪电定位资料中对"小幅值地闪"给出不同定义,但均在 −10~10 kA 范围内,因此本研究仅对该范围的幅值进行分析。

3.2.1　分析方法

ADTD 闪电监测定位系统从理论上讲,其核心是通过几个站同时测量闪电回击辐射的电磁场来确定闪电源的电流参数,从设备原理上就存在着一定的误差,ADTD 雷电探测仪用户手册上标明雷电流强度相对误差小于 15%,所以,急需对雷电流幅值进行质量控制,删除其干扰区间。应用 Matlab 数学软件中的曲线拟合工具箱进行对数正态分布拟合,以及非参数正态分布检验中的 Kolmogorov-Smirnov 检验方法(简称 K-S 检验方法)对贵州省雷电流幅值在 −10∼10 kA 范围内的闪电定位资料进行分析,找出"小幅值地闪"干扰区间,并对剔除"小幅值地闪"干扰区间的闪电数据进行分析,重新得到小幅值闪电数据的特征,以确定闪电监测数据的准确性和科学性。

3.2.2 分布特征分析

(1)闪电频次分布

2006—2015 年监测到闪电 4990938 次,表 3.2 统计出 −10∼10 kA 的闪电共发生了 407527 次,占总闪电数的 8.17%,−8∼8 kA 的闪电共发生 307809 次,占总闪电数的 6.17%,−5∼5 kA 的闪电共发生 110351 次,占总闪电数的 2.21%,而 −4∼4 kA、−3∼3 kA、−2∼2 kA 的闪电分别发生了 50658 次、12525 次、485 次,分别占总闪电数的 1.01%、0.25%、0.01%。

表 3.2 不同幅值雷电流闪电频次及其占总闪电数的比例

	频次	比例(%)
总频次	4990938	100
−10∼10 kA	407527	8.17
−8∼8 kA	307809	6.17
−5∼5 kA	110351	2.21
−4∼4 kA	50658	1.01
−3∼3 kA	12525	0.25
−2∼2 kA	485	0.01

(2)闪电时间分布

因 2006 年闪电定位资料加入了电力系统闪电监测资料,其监测数据明显多于其他年份,为保证分析的可靠性,后续分析将 2006 年闪电定位资料进行单独分析。

图 3.5 为 2007—2015 年闪电年分布的统计图,图 3.5a—f 分别对应于 −10∼10 kA、−8∼8 kA、−5∼5 kA、−4∼4 kA、−3∼3 kA、−2∼2 kA 的闪电年分布的统计图。从图中可以看出,闪电频数呈现波动趋势,波动区间为 891∼2812。

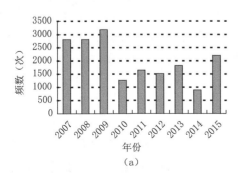

(a)

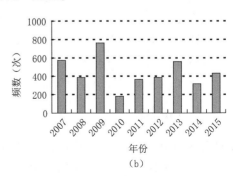

(b)

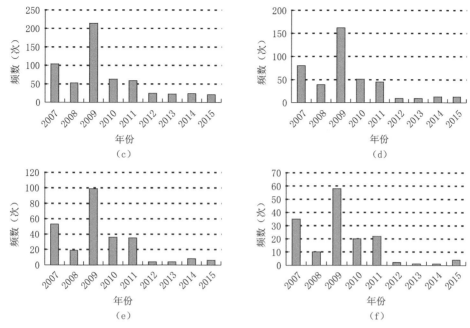

图 3.5　闪电年分布的统计图

(a. −10～10 kA；b. −8～8 kA；c. −5～5 kA；d. −4～4 kA；e. −3～3 kA；f. −2～2 kA)

3.2.3　对数正态分布分析与 K-S 检验

将雷电流幅值进行对数正态分布拟合,进而对雷电流幅值质量进行控制,寻找其干扰区间。主要分析过程为:将 2007—2015 年贵州省闪电监测数据中的雷电流幅值取对数,运用 Matlab 软件对不同雷电流幅值区间分段进行正态分布拟合,通过比较拟合效果图,并拟合结果进行 K-S 检验,找出干扰数据区域,并予以删除。为了便于数理统计分析,将雷电流幅值采用正态分布函数进行拟合。

(1)对数正态分布分析

图 3.6 为 2007—2015 年总闪电数据的雷电流幅值对数正态分布拟合曲线,图中 I 为雷电流幅值(单位:kA),$\ln I$ 为雷电流幅值的对数,n 为闪电次数。采用 Matlab 中的对数正态分布函数对数据进行拟合。

雷电流幅值的对数与闪电频数符合对数正态分布,横坐标 2～3 和 4.5～6 出现了偏移。因此需要对雷电流幅值分段进行拟合统计,找出干扰区间,并加以删除。为了找到不满足对数正态分布的具体区间,下面分别对删除 10 kA 以下,8 kA 以下,5 kA 以下,4 kA 以下,3 kA 以下,2 kA 以下的数据分别进行对数正态分布拟合,比较各区间的拟合效果。

图 3.7a—f 分别为剔除负闪数据 −10 kA、−8 kA、−5 kA、−4 kA、−3 kA、−2 kA 的统计拟合图。从拟合结果可以得出:决定系数(R-square)随着剔除雷电流幅值的减小,从 0.9896 逐渐减小到了 0.9634;校正后的决定系数(Adjust-Rsquare),也随着剔除数据的减小而减小;标准差(RMSE)随着剔除数据的减少而增加。这说明,负闪数据在剔除 −10 kA 时的决定系数和校正后的决定系数最大、最接近 1,标准差最小,其拟合效果是最好的。

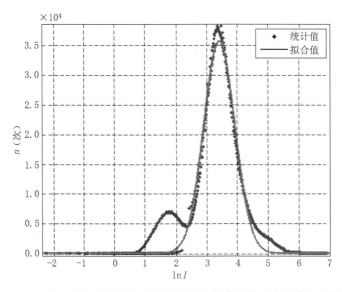

图 3.6 2007—2015 年总闪电数据的雷电流幅值对数正态分布拟合曲线

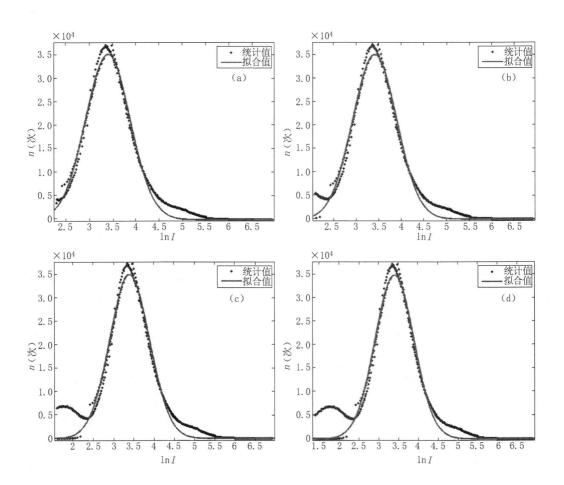

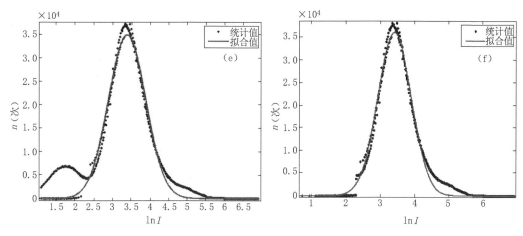

图 3.7   负闪数据统计拟合图

图 3.8(a)～(f)分别为剔除正闪数据 10 kA、8 kA、5 kA、4 kA、3 kA、2 kA 的统计拟合图。从拟合结果可以得出:决定系数(R-square)随着剔除数据的减小从 0.9897 逐渐增加到了 0.9901;校正后的决定系数(Adjust-Rsquare),也随着剔除数据的减小而增大;标准差(RMSE)随着剔除数据的减少而减少。这说明,正闪数据在剔除 2 kA 时的决定系数和校正后的决定系数最大,最接近 1,标准差最小,其拟合效果是最好的。

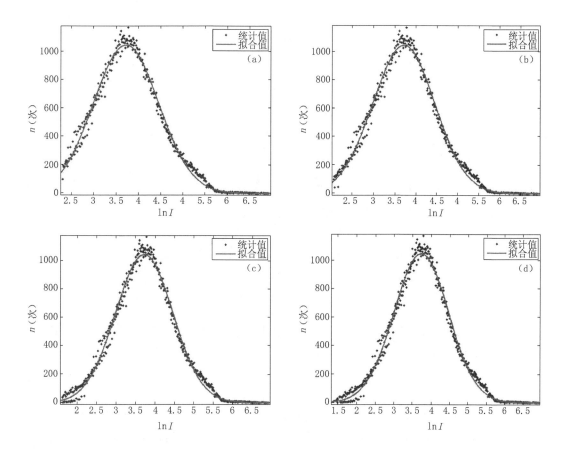

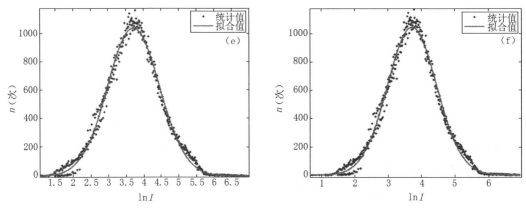

图 3.8　正闪数据统计拟合图

综上分析结果表明,贵州省闪电定位资料中雷电流幅值的干扰区间,即"小幅值地闪"干扰区间为-10～2 kA。

(2)K-S校验

图 3.9 为剔除干扰区间-10～2 kA 后的闪电数据拟合统计图。从图中可以得出:剔除雷电流幅值-10～2 kA 闪电数据后,与图 3.6 比较,统计特征与拟合曲线之间的偏移现象明显好转,决定系数为 0.989,校正后的拟合系数为 0.9889,标准差为 1225。

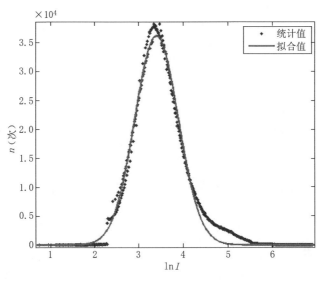

图 3.9　雷电流幅值对数

运用 MATLAB 对剔除干扰区间-10～2 kA 后的闪电数据的统计值进行 K-S 检验,结果显示,拟合相似度高达 95.28%,拟合能够通过置信度为 95% 的 K-S 检验。

3.2.4　小结

(1)选取贵州省 2006—2015 年 ADTD 闪电定位资料,利用数理统计,得出贵州省在2006—2015 年共发生地闪 4990938 次,其中-10～10 kA 的闪电共发生了 407527 次,占总闪电数的 8.17%。随着雷电流幅值的逐渐降低,发生闪电的频次和占总闪电数的比例均呈减少趋势。

(2)分别对−10~10 kA、−5~5 kA、−4~4 kA、−3~3 kA、−2~2 kA 的闪电逐年进行统计,从年分布的统计图中可以得出,闪电频数呈现波动趋势,波动区间为 891~2812。

(3)对贵州省 2006—2015 年 ADTD 闪电定位资料中的雷电流幅值进行对数正态分布拟合,通过拟合结果得出雷电流幅值为−10~2 kA 区间与对数正态分布拟合曲线偏移比较明显;剔除−10~2 kA 闪电数据后,重新对闪电定位数据进行对数正态分布函数拟合,结果显示,拟合相似度高达 95.28%,拟合能够通过置信度为 95% 的 K-S 检验。

(4)贵州省"小幅值地闪"范围界定为区间−10~2 kA,建议在闪电定位资料时将此区间的误差数据删除。

3.3 雷电幅值累积概率分布

雷电活动参数中雷电流幅值概率分布是用来表示区域雷电活动强弱特征。在具体防雷工程应用中其计算值选取决定了防雷保护水平的确定和雷电灾害的评估。然而,雷电活动参数特征与地理情况、气候环境因素影响十分显著,不同区域雷电参数特征差异性较大。原苏联《规程》中一直沿用的雷电流幅值的概率是依据苏、美、德等国在 20 世纪 30 年代末、40 年代初在架空输电线路的避雷线上和杆塔腿上采用磁钢记录器量测的结果。后经运行经验和实验证明,这样测得值比真实值要小。为此,瑞士、意大利、南非、原苏联等很多国家建立了专门的雷电观测站和试验线路,进行了多年的观测。原苏联电力科学研究院综合了大量观测结果,提出建筑工程包括架空线路防雷保护确定和雷害估评时采用的雷电流幅值计算值的选取。

3.3.1 幅值概率分布模式

目前,雷电流幅值累积概率分布模式主要包括规程推荐和 IEEE 推荐两种。国内外许多国家的雷电流累积频率分布公式采用 IEEE 推荐公式,而我国则借鉴原苏联相关行业规程中的公式。下面简单介绍我国电力行业规程和美国 IEEE 标准中的雷电流累积频率分布公式。

(1)我国雷电流累积频率公式

根据我国各地实测的 1205 个雷电流数据进行整理,原水利电力部于 1979 年 1 月颁发的《电力设备过电压保护设计技术规程》(SDJ 7-79)给出了雷电流累积频率分布的计算式

$$\lg P_I = -\frac{1}{108} \qquad (3.1)$$

其中,I 为雷电流幅值(单位:kA);P_I 为雷电流超过 I 的累积概率。

式(3.1)取代了 1959 年沿用的原苏联公式 $\lg P_I = -I/60$。但限于当时条件,绝大多数的雷电流数据是利用磁钢记录器由多塔电流相加而得,但各塔雷电流峰值并非在同一时刻出现,这就使得相加结果明显偏大。后我国 220 kV 新杭线经 20 多年的现场实测获得了非常宝贵的数据,由 106 个雷击塔顶的雷电流幅值测试数据推出的概率分布公式为

$$\lg P_I = -\frac{1}{87.6} \qquad (3.2)$$

106 个数据中的 97 个负极性雷电流幅值的累积概率分布公式为

$$\lg P_I = -\frac{1}{87.2} \qquad (3.3)$$

取整后本节推荐以下公式作为我国雷电流幅值概率分布的计算公式

$$\lg P_I = -\frac{1}{88} \tag{3.4}$$

对除陕南以外的西北地区、内蒙古自治区的部分地区(这类地区的平均年雷暴日数一般在20及以下)的雷电流幅值的累积概率分布公式可参照原规程的处理方法:在式(3.4)的基础上,对等概率的雷电流值减半,即:

$$\lg P_I = -\frac{1}{44} \tag{3.5}$$

分析以上各种累积概率表达式,统一称为规程推荐形式为:

$$\lg P_I = -I/a \tag{3.6}$$

(2)国外 IEEE 推荐雷电流累积频率公式

国际上,Pobolansky 早在 1977 年根据欧洲、澳洲和美国的观测结果,提出了雷电流幅值概率的计算公式

$$P_I = \frac{1}{1+(I/25)^{2.0}} \tag{3.7}$$

以后的研究者根据不同地区的观测提出了不同的计算公式,其中 Eriksson 和 Anderson 的观测结果被 IEEE Std 推荐使用

$$P_I = \frac{1}{1+(I/31)^{2.6}} \tag{3.8}$$

还有一些类似形式的公式,只是其中参数取值不同,如 CIGRE 推荐公式(3.9)和韩国 KEPRI 推荐公式(3.10)。

$$P_I = \frac{1}{1+(I/12)^{2.7}} \tag{3.9}$$

$$P_I = \frac{1}{1+(I/15.9)^{2.8}} \tag{3.10}$$

分析以上各种累积概率表达式,统一称为 IEEE 推荐形式,即

$$P_I = \frac{1}{1+(I/a)^b} \tag{3.11}$$

其中,$I \in (2\ kA, 200\ kA)$;a 表示样本中值电流,即电流幅值大于 a 的概率为 50%;b 反映曲线的指数变化程度,当 b 值增大时,50% 概率点左右侧曲线陡度绝对值均变大

3.3.2 分布模式比较

以下采用规程推荐、IEEE 推荐两种形式,分别从累积概率分布、概率密度分布两个方面与实际监测的统计值做分析比较。

(1)累积概率分布

对监测样本按照两种形式进行最优化拟合,各参数值及拟合优度如表 3.3 所示。拟合优度均达到 0.9 以上,可以认为两种分布式中各参数的取值对于监测数据的实际分布反演都很理想,但比较拟合优度值,IEEE 推荐公式更为理想。此外,两种分布式总闪(正闪+负闪)与负闪的参数取值相近,与正闪对应的参数值相差较大,这是由于闪电中绝大部分为负闪,占总闪数的 96.3%。

表 3.3　拟合结果比较

	正闪＋负闪			负闪			正闪		
	a	b	R^2	a	b	R^2	a	b	R^2
$\lg P_I = -I/a$	81.10		0.9495	79.71		0.9480	119.9		0.9661
$P_I = \dfrac{1}{1+(I/a)^b}$	28.94	2.875	0.9992	28.60	2.920	0.9991	40.50	2.415	0.9992

　　结合图 3.10 作进一步的分析表明：无论是对正极性、负极性还是总闪，采用 IEEE 推荐形式的回归拟合效果比用规程法形式的拟合效果好，尤其是正极性闪电与统计累积概率曲线几乎一致，拟合效果比负极性效果相对略强，这与陈家宏等(2008)在研究雷电定位系统测量的雷电流幅值分布特征时，提出的正极性地闪雷电流幅值的拟合效果比负极性效果相对略弱存在差异。

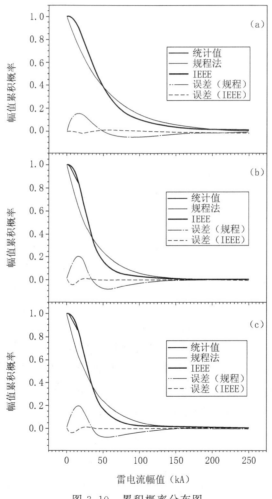

图 3.10　累积概率分布图
(a. 正闪；b. 负闪；c. 正闪＋负闪)

　　正、负极性闪电及总闪对应的三条曲线(统计累积概率、IEEE 推荐形式及规程推荐曲线)分别在约 45 kA、35 kA、35 kA 处相交。在交叉点左侧，同一电流值所对应的累积概率要大于规程推荐值，最大差值达到 0.2；累积值略小于规程推荐值，最大差值小于 0.05。在交叉点右侧，同一电流值所对应的累积概率要小于规程推荐值,最大差值达到0.1;而与IEEE推荐值相差不大。

此外,由于用规程法形式为单纯的对数式,拟合曲线偏向平缓,三种情况下的拟合曲线与监测数据的统计值存在明显的差异。

(2)概率密度分布

雷电流幅值概率密度是描述各连续雷电流幅值发生频次所占的比率,本节选取的分布曲线的分辨率为0.1 kA,即概率密度值对应的最小刻度为0.1 kA。针对两种不同的拟合形式,分布比较正、负极性闪电及总闪的概率密度与监测数据统计分布曲线对比(如图3.11所示)。

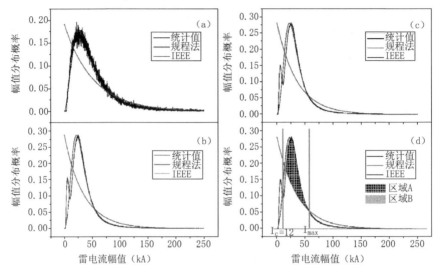

图 3.11　概率密度分布情况

(a. 正闪;b. 负闪;c. 正闪+负闪;d. 雷击闪络率比较)

统计值曲线中,正、负极性闪电及总闪均呈现先上升后下降的分布规律。经正、负闪合并后的总闪概率密度分布特点与负闪极其相似,存在两个峰值点(约22.6 kA、9.3 kA),即在密度高值区之前存在一个次高值区;正极性闪电幅值密度分布各个区间均有较大波动,即在大的分布特征下,呈现小的"波浪"形变化。

IEEE推荐概率密度曲线与统计概率密度曲线特征呈现大致相似的分布变化,能够较为合理的反映正极性闪电的"毛刺"分布(如图3.12a所示),跨过极高峰值点后与负极性闪电、总闪曲线基本重合,但对于次峰值区域概率密度的变化情况存在差异。相比规程法推荐得到的概率密度曲线,幅值分布高密区均集中在0 kA附近,与事实情况严重不符。

试采用计算输变电线路雷击闪络率,进一步对比两种分布形式的差异。雷击闪络率采用的一般公式为

$$\text{SFFOR} = 2N_g L \int_{I=I_c}^{I=I_{max}} D_c(I) f(I) \, dI \tag{3.12}$$

从式(3.12)中可以看出,绕击闪络率与雷电流概率密度在临界雷电流(I_c)与最大雷电流(I_{max})之间的积分有对应函数关系,即绕击闪络率跟雷电流幅值概率密度曲线在I_c和I_{max}之间的面积分布大小有关。以220 kV输变电线路为例(如图3.12d所示),分析两种分布式得到的概率密度曲线围成的面积范围:若用规程推荐计算线路绕击闪络率,则少计算了区域A部分的面积,误差达到40%以上,结果在一定程度上解释了当前超高压线路中实际绕击跳闸率普遍高于计算值的现象;若用IEEE推荐计算,则多计算了少部分的区域B,误差不到5%。因

此,工程上计算雷电绕击闪络率时用规程法推荐误差太大。

因此,对两种拟合形式得到的累积概率分布、概率密度分布进行综合比较,认为规程法所对应公式的表达形式不适于描述雷电流概率分布。此外,IEEE 推荐形式的拟合效果虽优于规程推荐形式,若直接使用存在一定的误差,需进一步对该式进行修正。

3.3.3　基于 IEEE 推荐公式的误差分析及修正

采用 IEEE 形式拟合的公式,幅值累积概率差值随着雷电流幅值的增大而变小,但其相对误差却呈现指数形式增长。为进一步分析 IEEE 推荐公式,现将雷电流幅值累积频率 IEEE 推荐公式与实际值之间的相对误差 δ 定义为

$$\delta = \frac{\text{IEEE 计算值} - \text{统计值}}{\text{统计值}} \times 100\% \tag{3.13}$$

总闪及负极性闪电、正极性闪电对应的拟合公式分别以雷电流幅值 200 kA、150 kA 为界,之前其相对误差较小,在 10% 以内;之后,均呈现指数函数增长。因此,其适用范围存在一定的局限性,需对拟合的曲线进行进一步的优化,提出相应的修正公式。

据此,设相对误差 δ 为 $f(i)$,即关于雷电流幅值的函数,亦称修正函数;统计值为经修正后的推荐公式 P,原 IEEE 推荐公式为 P',则

$$P = \frac{P'}{1 + f(i)} \tag{3.14}$$

图 3.12a、b、c 为修正前曲线,分别为总闪、正闪、负闪采用 IEEE 形式拟合和与统计值之间的相对误差。从图中可以看出该曲线与反的单指数衰减函数相似,故设修正函数 $f(i) = a \, e^{(-i/b)} + c$。拟合修正函数各参数如表 3.4 所示。

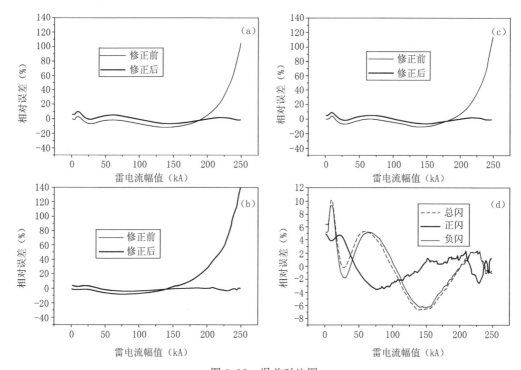

图 3.12　误差对比图

（a. 正闪＋负闪;b. 正闪;c. 负闪;d. 修正后误差变化）

表 3.4　修正函数参数表

	a	b	c	R^2
正闪＋负闪	8.90×10^{-6}	-21.19	0.0617	0.9702
负闪	1.06×10^{-5}	21.39	0.0501	0.9769
正闪	7.14×10^{-4}	-32.76	0.0483	0.9947

所得修正函数的拟合优度 R^2 均可达到 0.95 以上,能够很好地反映误差变化情况。修正后的曲线在幅值分布范围可延伸至 250 kA 左右,平均相对误差得到了有效降低,闪、正负极性闪电原累积频率分别由 12.40%、18.66%、12.41% 降为 3.41%、1.91%、3.16%。

3.3.4　小结

本节采用贵州省闪电监测数据,通过拟合规程推荐、IEEE 推荐两种形式,从累积概率、概率密度分布作比较,得到结论如下:

(1)闪电幅值累积负闪较正闪集中,幅值高密度区均集中在 25 kA 左右。闪电极性主要以负闪为主,占总闪数 96% 以上;正闪平均幅值强度高于负闪,达 53.50 kA。

(2)规程形式拟合的概率密度曲线与真实情况差别较大,IEEE 推荐形式的公式比规程形式更接近真实情况。国内若直接采用规程中 $\lg P_I = -I/88$ 进行相关工程计算,产生的误差会更大,建议对 DL/ T620-1997 中该公式进行修订。

(3)采用 IEEE 形式拟合的公式,幅值累积概率差值随着雷电流幅值的增大而变小,但其相对误差却呈现指数形式增长。将相对误差作为修正函数带入 IEEE 拟合式,得到新的拟合式将相对误差控制在 5% 以内,适用范围可放宽至 250 kA,可很好的应用于工程计算。

4 海拔高度变化对雷电流参数的影响

雷电是发生在云层间或云层对地间强烈的放电现象。局地区域的地形和海拔高度不同致使太阳到达各区域的辐射能量不均,并影响着雷电流幅值、闪击频次、闪击密度及陡度等雷电流参数。原苏联提出海拔高度1000 m 以上的山区雷电流幅值减半,后又提出雷电流幅值对数均值随海拔变化的拟合公式对海拔在 0~1000 m 间变化进行补充;后其原阿塞拜疆动力研究所对不同海拔高度的 110、220 和 330 kV 线路上进行雷电参数测量,认为雷电流幅值、陡度都随海拔高度增加而递减,并提出不同海拔高度的雷电流幅值和波前陡度的概率分布曲线。此外,早在 1942 年,Robertson 等采用美国科罗拉多 31 条 100 kV 输电线路 3 年的测量结果,绘制的不同海拔高度地区的雷电流幅值累积概率曲线,认为雷电流幅值随着海拔高度增加而减少。国内曾楚英等(1991)综合瑞典、苏联、南非、意大利、美国和中国浙江等 15 个地区不同海拔高度和地理纬度的雷电观测样本及诸多学者的研究成果,认为雷电流幅值与海拔高度、地理纬度存在复相关,同时指出雷电流幅值随海拔高度、地理纬度的增加而减小。孙萍(2000)采用 1962 年至 1987 年 220 kV 新杭一回路上记录到的 588 个雷电流数据,拟合了雷电流幅值累积概率曲线,并认为平原的雷电流幅值比山丘稍大。

国内外对雷电流参数随海拔高度变化研究方面也做了大量的工作,具体采用直接法(示波器直接接入)、间接法(磁钢棒等记录)以及远距离法(磁场仪定位)记录的点或线上的闪电数据。但是由于早期测量设备、技术、方法的限制,无法系统性地获取区域面上闪电资料,记录得到的雷电流参数将大大影响研究结果。近年来,随着闪电定位理论的成熟运用和监测网的联网实时监测,累积记录了大量的历史闪电数据,对研究海拔高度对雷电流参数的影响提供了有利的数据基础;同时,针对地形变化对具体的输变电线路的影响也做了大量的分析研究。

采用贵州省闪电监测定位系统闪电监测资料,利用 GIS 技术融入海拔高程数据,系统地分析海拔与正负极性雷电流幅值、陡度以及地闪密度等雷电流参数的关系,旨在为研究该地区雷电活动规律和防雷工程设计提供一定的理论依据。

4.1 资料来源

(1)闪电资料的获取

闪电资料来源于贵州闪电监测定位系统。该系统由中国科学院空间应用与应用研究中心开发,由 12 个 ADTD 闪电定位探测子站(如图 4.1 所示)和一个数据处理中心站组成,子站有效探测范围约为 200 km,基本实现对全省范围内的闪电进行实时监测,具有全自动、大范围、高精度、实时监测闪电等特点。其原理是采用遥测法,依据 UMAN 提出的地闪回击场模型得到雷电流幅值数据,记录闪击发生的时间、经纬度位置、强度、极性、陡度等。

(2)海拔数据获取

海拔高程数据来源于先进星载热发射和反射辐射仪全球数字高程模型(ASTER

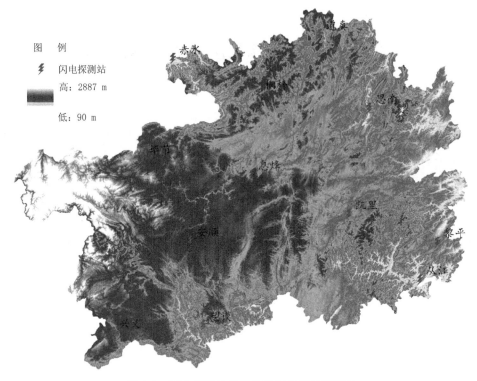

图 4.1 闪电监测站及海拔高度分布（附彩图）

GDEM）。ASTER GDEM 是由美国 NASA 的对地观测卫星 Terra 遥感数据制作而成，其覆盖范围为南北纬 83°间的所有陆地，达全球陆地表面的 99%（2011），空间分辨率达到 1 弧度秒×1 弧度秒，垂直精度达 20 m，水平精度达 30 m。本章研究区域经度跨度约为 6°，纬度约为 5.8°，境内地势西高东低，地势由西部海拔 2400 m 以上降到中部 1200～1400 m、东部 500～800 m，呈现梯级状大斜坡。

4.2 海拔高度对雷电流幅值影响

雷电流幅值主要受海拔高度、地理纬度的影响，为排除地理纬度的影响，现将不同纬度的闪击点修正在同一纬度上。研究区域中心纬度约在北纬 25°附近，故雷电流幅值采用式（4.1）进行修正：

$$I_{25} = I \times 10^{-10.67 \times 10^{-3} (25 - \gamma)} \tag{4.1}$$

其中，I 为不同纬度闪击点的雷电流幅值；γ 为闪击点纬度；I_{25} 为修正到纬度 25°后的雷电流幅值（单位：kA）。

统计每个海拔区间内正负极性的雷电流幅值均值对数，分析其随海拔变化情况其结果如图 4.2 所示。各海拔高度范围内的平均正极性雷电流幅值均大于平均负极性雷电流幅值，且随着海拔的上升差异越大。这与雷暴云中典型的电荷结构分布密切相关，负电荷主要分布于雷暴云底部，而大量的正电荷则分布在上部。因此，随着海拔高度的增加负极性雷电流幅值会有显著降低，而正极性雷电流幅值会有显著增大，反之亦然。

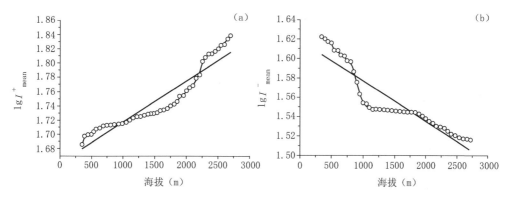

图 4.2　海拔与雷电流幅值均值对数关系

(a.正极性;b.负极性)

对于正极性闪电,雷电幅值均值对数随海拔高度升高而增大(如图 4.2a 所示),低于 2000 m 的区域雷电流幅值均值对数随海拔变化较高于 2000 m 的区域平缓。采用线性拟合两者之间的关系

$$\lg I_{\mathrm{mean}}^{+} = 1.6597 + 5.7633 \times 10^{-5} H \qquad (4.2)$$

其中,H 为海拔高度(单位:m);I_{mean}^{+} 为正极性雷电流幅值均值(单位:kA)。皮尔逊相关系数 Pearson's $r = 0.9433$,$R^2 = 0.8875$,呈现高度相关;且通过显著性检验。

负极性闪电幅值均值对数随海拔呈现负相关,随海拔高度上升呈整体下降的趋势(如图 4.2b 所示)。拟合变化关系

$$\lg I_{\mathrm{mean}}^{-} = 1.6283 - 4.1788 \times 10^{-5} H \qquad (4.3)$$

其中 Pearson's $r = -0.9224$,$R^2 = 0.8476$,呈现高度相关;且通过显著性检验。

4.3　海拔对雷电流陡度影响

雷电造成的危害程度主要受到雷电流幅值及其波头陡度的影响。在相同雷电流幅值的情形下,波头陡度越大,其上升时间越短,因高电势差、强电磁感应产生的危害也就越大。据此,文中以 50 m 为间隔统计每个海拔区间内正负闪电的雷电流陡度均值对数,分析陡度随海拔变化的影响。同样由于雷暴云结构内部正负电荷分布,各海拔高度范围内的平均正极性雷电流陡度均大于平均负极性雷电流陡度,且随着海拔的上升差异越大。此外,随着海拔的上升,雷电云上部的正电荷随着梯级先导的优先快速发展,闪击击穿时间越短,雷电流波头上升时间越短,陡度越大,正极性雷电流陡度随海拔上升而增大(如图 4.3a 所示)。反之负极性雷电流陡度随海拔上升而减小(如图 4.3b 所示)。

进一步拟合正负极性雷电流陡度随海拔变化,得线性函数式(4.4)、(4.5)。由表 4.1 可知,雷电流陡度随海拔变化较为明显,正负极性闪电的均值对数均体现出了较好的线性关系,其相关系数在 0.75 以上,且 $P < 0.01$ 具有极其显著性意义。

$$\lg S_{\mathrm{mean}}^{+} = 1.0292 + 2.4086 \times 10^{-5} H \qquad (4.4)$$

$$\lg S_{\mathrm{mean}}^{-} = 1.0211 - 2.8336 \times 10^{-5} H \qquad (4.5)$$

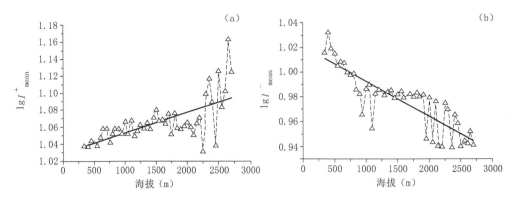

图 4.3　海拔与雷电流陡度均值对数关系

（a. 正极性；b. 负极性）

表 4.1　拟合结果

	Pearson's r	R^2	RSS	Prob$>F$
正极性	0.7523	0.7131	0.01803	5.06359×10^{-7}
负极性	-0.8483	0.7136	0.0072	2.69784×10^{-14}

4.4　海拔对地闪密度影响

分析比较海拔高度及海拔高度所对应的面积对闪电频次的影响，不同海拔高度对应的闪电频次与面积呈现大体一致的"双峰单谷"的变化（如图 4.4a 所示），双峰均出现在 800 m、1400 m 左右，但两者的极高值和次高值异步。

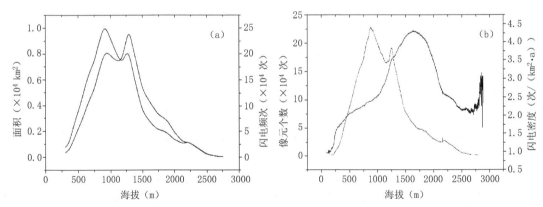

图 4.4　海拔与总闪分布关系

（a. 面积及闪电频数随海拔变化；b. 像元个数及总闪密度随海拔变化）

海拔 1400 m 左右（面积次高值点）为闪电频次的极高值，不难分析，由于高海拔地区雷暴云的离地高度较低海拔地区近，闪电发生的临界击穿场强较小，有利于闪电发生过程中梯级先导优先发展，缩短闪击距离，增大闪击发生可能性。

地闪密度是指单位面积内的闪电次数，表征闪击放电频繁程度。Suzuki 等（1999）提出地闪密度为雷电定位系统监测的闪电次数除以统计面积。因此，结合 ASTER GDEM 全球高程数据的水平精度约为 30 m,选用 0.0002778°×0.0002778°矩形网格(像元格),研究区域正极性、负极性和总(正极性和负极性)的地闪密度与海拔关系。

总闪密度大致呈现"单峰"变化(如图 4.4b 所示),峰值出现在 1700 m 左右,相对频次有所滞后,结合像元个数变化情况,显而易见是在 1700 m 附近急剧下降的缘故。此外,由于海拔 2500 m 以上的区域范围急剧减少,统计样本的不足,造成该范围地闪密度波动较大,并呈现增大的趋势。

负极性闪电密度在量上比正极性高出大约 1 个量级,这与负极性闪电占总闪数的 97.5% 有关。正、负极性闪电随海拔变化均大致呈现"单峰"变化,鉴于两端海拔像元个数的剧减,密度也呈现相应的变化(如图 4.5 所示)。

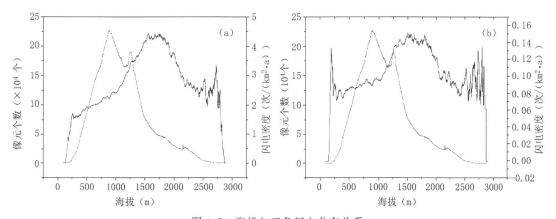

图 4.5　海拔与正负闪电分布关系

(a. 像元个数及负闪密度随海拔变化;b. 像元个数及正闪密度随海拔变化)

贵州全省境内 92.5% 的面积为山地和丘陵,地形起伏较大。通过贵州省闪电监测资料,利用 GIS 技术融入海拔高程数据,系统地分析海拔高程变化对雷电流幅值、雷电流陡度、地闪密度等雷电流参数的影响,得到结论如下:

(1)正极性雷电流幅值、陡度随海拔上升而增大,负极性雷电流幅值、陡度随海拔上升而减小;同一海拔高度的正极性雷电流幅值及陡度高于负极性,且随着海拔的上升差值越大。

(2)闪电频次、各海拔高度对应的面积随海拔呈现双峰变化,极高闪电频次点的海拔高于极高面积点的海拔。海拔高度对闪电频次影响起主导作用,较同一海拔对应的面积对频次的影响显著。

(3)负极性闪电密度在量上比正极性高出大约 1 个量级。总闪、正极性、负极性闪电密度随海拔均呈现单峰变化,峰值点位于 1700 m 左右。

5 雷电易发性区划及防范等级研究

《国务院关于优化建设工程防雷许可的决定》(国发〔2016〕39 号),明确要求"气象部门要加强对雷电灾害防御工作的组织管理,做好雷电监测、预报预警、雷电灾害调查鉴定和防雷科普宣传,划分雷电易发区域及其防范等级并及时向社会公布"。贵州省属雷电高发区,位列全国第四。根据气象观测资料统计,贵州省雷暴日在 21~86 天,年平均雷暴日多达 51 天,属多雷暴区。全省雷电活动频繁,灾情严重。据不完全统计,1997—2006 年发生雷电灾害事故 852起,造成 320 人死亡,361 人受伤,人员死伤率位居全国第四。因此,摸清贵州省闪电活动规律,开展雷电易发性等级区划工作,有利于科学地提供雷电灾害防御技术支撑,避免或减少雷电灾害所造成的人员伤亡及财产损失。

然而,如何确定等级数和范围是解决易发性等级划分的关键,本文采用地图分级法进行分析。地图分级法是地图制图与数学方法相结合,实现信息地图化处理,将原本携带大量信息的图形数据,经过分级处理,尽可能多地保留原始数据信息特征的同时,直观而形象地展现其分布规律。近年来,随着 GIS 技术的深入应用,对特定的数据进行深加工,挖掘其内部规律及相互联系已应用到社会的各个方面。此外,贵州属典型喀斯特地貌发育的山区省份,单一的雷电监测数据不能客观地反映局部雷电活动情况。为科学合理地划分等级,本节采用人工观测雷暴日、ADTD 闪电监测资料、VLF/LF 三维闪电监测资料以及 OTD/LIS 星载闪电资料相互融合、补充,通过综合比较几种常见的分级方法,选取适宜的方法实现贵州省雷电活动易发性等级进行划分,为下一步开展全省雷电防范等级及措施研究奠定基础。同时为各级气象部门开展本地雷电易发区划提供一定的参考借鉴。

5.1 雷电易发性等级划分

5.1.1 资料来源

(1)二维雷电监测资料

二维雷电监测资料来源于贵州省闪电监测网,闪电监测网于 2006 年投入运行,目前已积累了 11 年的监测资料。贵州省闪电监测网建设包括安顺、桐梓、道真、赤水、毕节、凯里、黎平、从江、息烽、兴义、望谟、思南 12 个 ADTD 闪电定位探测子站,与周边站点共网后,能实现全省大部分区域闪电活动的实时监测。记录闪击发生的时间、经纬度位置、强度、极性、陡度等参数。

(2)三维雷电监测资料

三维雷电监测资料来源于贵州省三维闪电监测定位系统,该系统于 2013 年建设运行,目前已建成贵阳、汇川、毕节、凯里、关岭、平塘、石阡 7 个探测子站。定位参数包括闪电的时间、类型、位置(经度、纬度、高度)、极性、峰值强度等。

(3)OTD/LIS 星载闪电探测资料

星载闪电探测资料来源于卫星上的光学瞬时探测器(OTD)与卫星上的闪电成像探测器(LIS)获得的近 16 年(1998—2013 年)的闪电数据资料,闪电资料数据版本是美国全球水文资源中心(GHRC)提供的最新的版本。所使用的数据资料由美国国家航天航空局(NASA)免费提供下载,数据集采用的是高分辨率年气候资料(HRFC),空间分辨率是 0.5°×0.5°。

(4)人工雷电观测资料

人工雷电观测资料来源于贵州省气象局地面观测资料。

5.1.2　技术路线及方法

5.1.2.1　技术路线

雷电易发性反映区域闪电活动的发生情况,研究采用贵州省二维雷电监测资料、贵州省三维雷电监测资料、贵州省人工雷电观测资料以及 OTD/LIS 星载闪电探测资料相互融合、补充,弥补相互之间探测方式的不足。闪电密度是单位面积内年均闪电活动发生的次数,表征雷电活动频繁程度。因此,采用闪电密度作为雷电易发性区划等级数据指标。具体技术路线如图 5.1 所示。

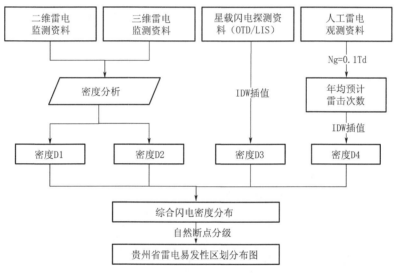

图 5.1　雷电易发性区划技术路线

5.1.2.2　研究方法

(1)指标权重的确定

采用投影寻踪方法,利用四种雷电监测资料自身数据驱动,挖掘聚类结构,进行投影降维处理,得到对应的权重。投影寻踪(projection pursuit)由 Kruskal(1969)提出,旨在挖掘数据的聚类结构,解决化石分类问题,后 Friedman 等(1974)在其基础上加以改正,提出将散步程度和局部凝聚程度结合起来,正式提出投影寻踪聚类的概念。其原理作为直接由样本数据驱动进行数据挖掘分析,基于探索性和确定性分析的聚类与分类方法,将高(多)维数据通过投影到低维子空间,在一定程度解决多指标分类等非线性问题,减少人为的主观性操控。建模过程如下。

1)指标处理。消除量纲间的差异、统一变化范围。

2)线性投影。随机抽取若干个初始投影方向 $a(a_1, a_2, \cdots, a_m)$ 进行计算,根据指标选大的原则,确定最大指标对应的解为最优投影方向,投影特征值 Z_i 的表达为:

$$Z_i = \sum_{j=1}^{m} a_j x_{ij}$$

3)优化投影目标函数。投影值 Z_i 的分布特征应满足:整体上投影点团之间尽可能散开;局部投影点尽可能凝聚成单个的点团。故将目标函数 $T(a)$ 定义为类间距离 $L(a)$ 与类内密度 $d(a)$ 的乘积,即 $T(a) = L(a) \cdot d(a)$:

$$L(a) = \left[\sum_{j=1}^{n} (Z_j - \overline{Z_a}^2 / n) \right]^{\frac{1}{2}}$$

其中,$\overline{Z_a}$ 为序列 $\{Z(i) \mid i = 1, 2, \cdots, n\}$ 的均值,值越大分布越开。设投影特征值间的距离 $r_{ij} = |Z_i - Z_j| (i, j = 1, 2, \cdots, n)$,则

$$d(a) = \sum_{i=1}^{n} \sum_{k=1}^{n} (R - r_{ik}) f(R - r_{ik})$$

$f(t)$ 为一阶单位阶跃函数,$t \geqslant 0$ 时,其值为 1;$t < 0$ 时,其值为 0。

$$f(R - r_{ik}) = \begin{cases} 1 & R \geqslant r_{ik} \\ 0 & R < r_{ik} \end{cases}$$

R 为窗宽参数,其选定原则为宽度内至少包括一个散点。合理取值范围为 $r_{\max} < R \leqslant 2m$,其中 $r_{\max} = \max(r_{ik})(i, k = 1, 2, \cdots, n)$。类内密度 $d(a)$ 越大分类越显著。

当 $T(a)$ 取得最大值时,对应的投影方向即为寻找的最优投影方向。因而寻找最优投影方向的问题可转化为下列优化问题:

$$\begin{cases} \max T(a) = L(a) \cdot d(a) \\ \| a \| = \sum_{j=1}^{m} a_j^2 = 1 \end{cases}$$

4)将最优投影方向代入对应的指标权重。

(2)地图分级方法的确定

常见的地图分级方法有等距分类、分位数分类、自然断点分类、几何间隔分类。其中等距分类是将属性值的范围划分为若干个大小相等的子范围。分位数分类,又叫等量分类,每个类都含有相等数量的要素,即每一类的数目个数相同。自然间断分类,亦称 Jenks 优化方法,属于数据聚类方法,采取重复迭代过程,使得类内方差最小化、类间方差最大化。几何间隔分类,根据具有几何系列的组距创建分类间隔,每个类的元素数的平方和最小化,确保每个类范围与其所拥有的值的数量大致相同。

综合比较四种分类方法,提出方差拟合优度 GVF 进行评价,GVF 越大,分类效果越好。具体公式如下:

$$SDCM = \sum_{j=1}^{k} \frac{1}{N_j} \sum_{i=1}^{N_j} (Z_{ij} - \overline{Z_j})^2 \tag{5.1}$$

$$SDAM = \frac{1}{N} \sum_{i=1}^{N} (Z_i - \overline{Z})^2 \tag{5.2}$$

$$GVF = 1 - \frac{SDMC}{SDAM} \tag{5.3}$$

其中,$SDCM$ 为类方差和,$SDAM$ 为原始数据方差。显然,对于一确定的数据序列,$SDAM$ 为常数,$SDCM$ 主要与分类方法及分类数 k 有关。

(3)自然断点分级

自然断点分级法(Jenks 优化方法)采用数据聚类,原理是减少类的方差,最大限度地提高

类之间的差异。计算采取重复迭代过程,通过重复计算不同的数据集,以确定最小的类方差,直到偏差的总和达到最小值为止。其公式为

$$SSD_{i-j} = \sum_{k=i}^{j} (A[k] - mean_{i-j})^2 \qquad (1 \leqslant i < j \leqslant N)$$

其中,$mean_{i-j} = \dfrac{(\sum\limits_{k=i}^{j} A[k])^2}{j-i+1}$ $(1 \leqslant i < j \leqslant N)$,$SSD$ 是方差,A 是一个数组(数组长度为 N),$mean_{i-j}$ 是每个等级中的平均值。

5.1.3 结果分析

贵州地处云贵高原东侧,属典型的喀斯特地貌发育区域,多为山地和丘陵,境内平均海拔 1100 m 左右,地势西高东低,由西降至中部,然后再向北、东、南三面倾斜。受地形变化影响形成的立体气候特征明显,造成境内雷暴活动复杂多变。基于 ADTD 闪电监测资料、VLF/LF 三维闪电监测资料、OTD/LIS 星载闪电资料以及人工观测雷暴日四种雷电监测资料,通过点密度分析、IDW 插值等方法获取密度分布并按区县统计平均闪电密度,进一步采用投影寻踪获取权重分别为 0.3301、0.2346、0.1925、0.2428,生成贵州省闪电密度分布情况如图 5.2 所示。贵州省年均闪电密度介于 0.16~7.15 次/km²,呈地域性差异分布,西部高于东部、南部高于北部,整体分布由西向东递减。其中普安西北部、水城东北部、普定西部、织金西北部、望谟中北部为全省闪电密度高值区,年均闪电密度高于 7.00 次/km²。

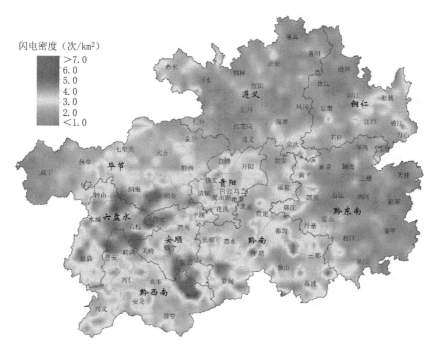

图 5.2 贵州省年均闪电密度分布(附彩图)

北部大娄山、东南部苗岭、西部乌蒙山、东北部武陵山一带雷电活动频繁程度高于周边,在一定范围内,随着海拔高度的增加,雷电活动越发频繁。融合四种雷电监测资料,弥补单一监测方式存在探测盲区的局限性,符合山区雷电活动分布特征。

5.1.3.1 分级数的确定

地图分级中等级数的确定没有明确的规定,具体根据实际需要进行综合考虑。《建筑物电子信息系统防雷设计规范(GB50343—2012)》中根据各地区年均雷暴日统计数据的大小,按照区县级行政区域对雷暴依次划分为少、中、多、强四级(如表 5.1 所示)。

表 5.1　雷暴活动强度等级划分标准

	少雷区	中雷区	多雷区	强雷区
雷暴日(天)	$X \leqslant 25$	$25 < X \leqslant 40$	$40 < X \leqslant 90$	$X > 90$

根据贵州省各区县近 50 年雷暴日资料显示,雷暴日极值介于 21～86 天,未出现大于 90 天的情况,仅出现少、中、多雷暴区三种情况。据此本文将贵州省雷电易发区划分为高、中、低三级。

5.1.3.2 分级方法对比

为选取合适的分级方法,使得等级划分更为科学合理,将生成的地闪密度值格点划分为三级,分别采用等距、分位数、自然间断分类、几何间隔分类,得到的分级端点值如表 5.2 所示。

表 5.2　不同分类方法端点值

分类方法	分级端点			
等距分类	0.16	2.49	4.82	7.15
分位数分类	0.16	2.19	3.01	7.15
自然间断分类	0.16	2.41	3.92	7.15
几何间隔分类	0.16	2.28	4.61	7.15

代入式(5.1)～(5.3)中,计算四种分类方法对应的类方差和、原始数据方差以及拟合优度如表 5.3 所示。

表 5.3　不同分类方法拟合参数

分类方法	SDCM	SDAM	GVF
等距分类	0.3133	1.2104	0.7412
分位数分类	0.5466	1.2104	0.5484
自然间断分类	0.1632	1.2104	0.8652
几何间隔分类	0.2891	1.2104	0.7611

由表 5.3 可知,自然间断分类方法中类方差和 SDCM 最小,方差拟合优度 GVF 最大,分级端点值的选取依次优于几何间隔分类、等距分类、分位数分类,因此,以下将采用自然断点分级法进行贵州省雷电易发性等级划分。

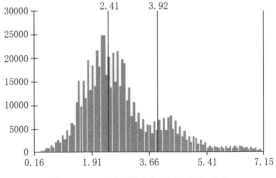

图 5.3　自然间断分级采样断点分布

5.1.3.3 划分结果

贵州省雷电易发性等级划分为高、中、低易发区三级,将闪电密度分布插值至分辨率 $0.005° \times 0.005°$(500m×500m),进一步对生成的 638389 个格点度值进行自然断点分类,得出 2.41、3.92 两个断点(如图 5.3 所示),以此确定贵州省雷电高、中、低易发区等级范围(如表 5.4 所示)。

表 5.4　易发区等级划分范围

序　号	范　围(次/km²)	易发区等级
1	≤2.41	低易发区
2	2.41~3.92	中易发区
3	≥3.92	高易发区

两个断点 2.41、3.92 为统计的地闪密度值,根据《建筑物防雷设计规范》(GB50057—2010)中雷击大地密度 N_g 与雷暴日 T_d 之间的关系 $N_g=0.1\times T_d$,两个断点值对应的雷暴日数约为 24、39 天,这与 GB50343—2012 中对少、中、多雷暴区范围界定时的端点值 25、40 天非常吻合,说明采用自然断点分级法得到的两个断点进行易发区等级划分是较为合理的。

贵州省雷电高、中、低易发区整体呈现由西北向东南依次分布,高易发区主要集中在西北部的水城、钟山、盘县、六枝、晴隆、普定、织金、大方等地的大部分区域以及望谟、观山湖、白云、习水等地的少部分区域;中易发区主要分布在省中部、由西南向东北一线;低易发区则分布在省的东南部及南部部分区县。贵州省雷电易发性等级分布如图 5.4 所示。

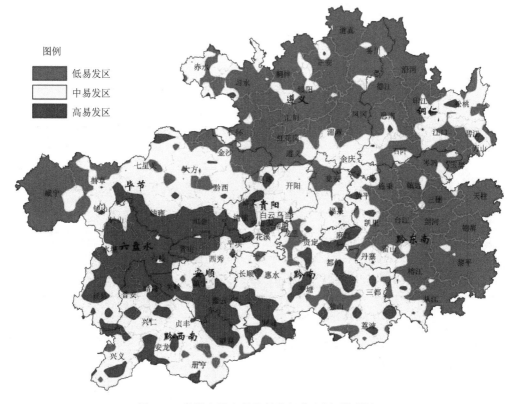

图 5.4　贵州省雷电易发性等级分布图(附彩图)

5.2　防范等级划分

主要针对危化品企业、油库、气库、加油站、加气站、弹药库、危险化学品仓库、烟花爆竹、石化等易燃易爆场所,学校、矿区、旅游景区等人员密集场所。依据其重要性、使用性质以及发生雷电事故的可能性和后果,结合其所处区域的雷电易发性等级,将防范等级划分为一级、二级和三级(如表 5.5～5.12 所示)。

表 5.5 油库、气库、汽车加油加气站雷电防范等级

类别		高易发区	中易发区	低易发区
汽车加油站	一级加油站:150＜总容积≤210 m³,单罐容积≤50 m³	一级	二级	二级
	二级加油站:90＜总容积≤150 m³,单罐容积≤50 m³	一级	二级	二级
	三级加油站:总容积≤90 m³,柴油单罐容积≤50 m³,汽油单罐容积≤30 m³	一级	二级	三级
LPG 加气站	一级站:45＜油罐总容积≤60 m³,单罐容积≤30 m³	一级	二级	二级
	二级站:30＜油罐总容积≤45 m³,单罐容积≤30 m³	一级	二级	二级
	三级站:油罐总容积≤30 m³,单罐容积≤30 m³	一级	二级	三级
油库	一级:总容量 50000 m³ 以上	一级	二级	二级
	二级:总容量 10000 m³ 至 50000 m³ 以下	一级	二级	二级
	三级:总容量 2500 m³ 至 10000 m³ 以下	一级	二级	三级
	四级:250 m³ 至 2500 m³ 以下	一级	二级	三级
气库	—	一级	二级	二级
输气管道	—	二级	二级	三级

表 5.6 危化品企业雷电防范等级

危险等级		高易发区	中易发区	低易发区
危化品企业	一级:$R \geq 100$	一级	二级	二级
	二级:$100 > R \geq 50$	一级	二级	二级
	三级:$50 > R \geq 10$	二级	三级	三级
	四级:$R < 10$	二级	三级	三级

注:表中 R 值为计算值。采用单元内各种危险化学品实际存在(在线)量与其在《危险化学品重大危险源辨识》(GB 18218)中规定的临界量比值,经校正系数校正后的比值之和 R 作为分级指标。

表 5.7 烟花爆竹仓库雷电防范等级

存储库内产品名称	危险等级	高易发区	中易发区	低易发区
烟花爆竹仓库	烟火药(包括裸药、半裸药效件),小粒单基药,已粉碎干燥的硝化棉、单双基粉,烟火药引线	1.1⁻¹	一级	一级	一级
	黑火药,黑火药引线,已装药的半成品,A、B级成品(含单筒药量大于 25 g 的 C 级组合烟花)	1.1⁻²	一级	二级	二级
	大粒单双基药,单双基粉(含不少于 30% 的水分),硝化棉(含不少于 25% 的水分),C、D 级产品(其中,C 级组合烟花单筒药量不大于 25 g),电子点火头	1.3	二级	二级	三级

注:表中 A、B、C、D 级为现行国家标准《烟花爆竹安全与质量》(GB 10631)规定的产品分级。

表 5.8　弹药库雷电防范等级

	弹药库类型		高易发区	中易发区	低易发区
弹药库	地下	普通弹药库房：3000 t	一级	二级	二级
		特种弹药库房：500 t	一级	二级	二级
		危险品库房：100 t	二级	二级	三级
	地面	普通弹药库房：600 t	一级	一级	一级
		特种弹药库房：300 t	一级	一级	一级
		危险品库房：100 t	二级	二级	二级

表 5.9　炸药库雷电防范等级

	储存库内产品名称	危险等级	高易发区	中易发区	低易发区
炸药库	工业炸药及制品	1.1	一级	一级	一级
	黑火药	1.1	一级	一级	一级
	工业导爆索	1.1	一级	一级	二级
	工业雷管	1.1	一级	一级	二级
	塑料导爆管	1.4	二级	二级	三级

表 5.10　矿区雷电防范等级

	行业类别	高易发区	中易发区	低易发区
矿区	煤矿	一级	一级	二级
	金属矿区	一级	一级	二级
	其他矿区	二级	三级	三级

表 5.11　旅游景区雷电防范等级

	景区级别	高易发区	中易发区	低易发区
旅游景区	AAAAA 级景区	一级	一级	二级
	AAAA 级景区	一级	一级	二级
	AAA 级景区	二级	二级	三级
	AA 级景区	二级	二级	三级
	A 级景区	二级	二级	三级
	无 A 景区	三级	三级	三级

表 5.12　学校雷电防范等级

学校类型	高易发区	中易发区	低易发区
幼儿园	三级	三级	三级
小学	三级	三级	三级
中学	三级	三级	三级
大学	一级	二级	三级

5.3 防范措施

雷电防范措施是在被防范对象执行相关防雷标准的基础上,结合其所处的雷电易发性等级以及行业特征等因素,应采取的工程性、非工程性措施,具体雷电防范措施如表 5.13～5.16 等等。

表 5.13 易燃易爆场所不同等级防范措施

措施 ＼ 等级		一级	二级	三级
工程性措施	建筑物防雷等级	建(构)筑物存在易燃易爆风险的宜划为第一类防雷建筑物; 建(构)筑物的防雷措施应符合 GB 50057—2010 的规定。	建(构)筑物存在易燃易爆风险的宜划为第二类防雷建筑物; 建(构)筑物的防雷措施应符合 GB 50057—2010 的规定。	建(构)筑物存在易燃易爆风险的宜划为第二类防雷建筑物; 建(构)筑物的防雷措施应符合 GB 50057—2010 的规定。
	电子信息系统防护等级	宜确定为 A 级; 防雷措施应符合 GB 50343—2012 的规定。	宜确定为 B 级; 防雷措施应符合 GB 50343—2012 的规定。	宜确定为 C 级; 防雷措施应符合 GB 50343—2012 的规定。
非工程性措施		(1)建立雷电安全管理制度,制定雷电灾害应急预案,开展雷电防御知识培训。 (2)按法律法规规定每年委托具有防雷检测资质的机构进行定期检测两次,并对防雷安全隐患及时整改。 (3)设立专门雷电安全管理员,组织防雷装置自查,确保防雷装置正常运行。 (4)设立安全警示标志和禁止烟火标志。 (5)库房需专人管理,严禁烟火,无关人员严禁进入,保持通风良好,防雷防静电设施完好。 (6)根据雷电预警信息,做好相应防范措施,及时上报雷电灾情。			

表 5.14 矿区不同等级防范措施

措施 ＼ 等级		一级	二级	三级
工程性措施	建筑物防雷等级	建(构)筑物存在易燃易爆风险的宜划为第一类防雷建筑物; 建(构)筑物的防雷措施应符合 GB 50057—2010 的规定。	建(构)筑物存在易燃易爆风险的宜划为第二类防雷建筑物; 建(构)筑物的防雷措施应符合 GB 50057—2010 的规定。	建(构)筑物存在易燃易爆风险的宜划为第二类防雷建筑物; 建(构)筑物的防雷措施应符合 GB 50057—2010 的规定。
	电子信息系统防护等级	宜确定为 A 级; 防雷措施应符合 GB 50343—2012 的规定。	宜确定为 B 级; 防雷措施应符合 GB 50343—2012 的规定。	宜确定为 C 级; 防雷措施应符合 GB 50343—2012 的规定。
非工程性措施		(1)建立雷电安全管理制度,制定雷电灾害应急预案,开展雷电防御知识培训。 (2)按法律法规规定每年委托具有防雷检测资质的机构进行定期检测不少于一次,并对防雷安全隐患及时整改。 (3)设立专门雷电安全管理员,组织防雷装置自查,每月应至少检查1次采场和排土场的接地网,确保防雷装置正常运行。 (4)设立警示标志,并在可触及的部位采取隔离措施或做绝缘处理。 (5)遇雷雨天气时必须停止井下作业,井下不得安排如遇入井;必须撤出井下作业人员,切断重要设备的电源,防止雷击损坏。 (6)根据雷电预警信息,做好相应防范措施,及时上报雷电灾情。			

表 5.15　旅游景区不同等级防范措施

措施＼等级		一级	二级	三级
工程性措施	建筑物防雷等级	建(构)筑物的防雷措施应符合 GB 50057—2010 的规定。	建(构)筑物的防雷措施应符合 GB 50057—2010 的规定。	建(构)筑物的防雷措施应符合 GB 50057—2010 的规定。
	电子信息系统防护等级	宜确定为 B 级；防雷措施应符合 GB 50343—2012 的规定。	宜确定为 C 级；防雷措施应符合 GB 50343—2012 的规定。	宜确定为 D 级；防雷措施应符合 GB 50343—2012 的规定。
非工程性措施		(1)建立雷电安全管理制度,制定雷电灾害应急预案,开展雷电防御知识培训。 (2)按法律法规定每年委托具有防雷检测资质的机构进行定期检测一次,并对防雷安全隐患及时整改。 (3)设立雷电安全管理员,组织防雷装置自查,确保防雷装置正常运行。 (4)设立 LED 雷电预警信息显示屏、防雷警示牌,提醒游客在雷雨天注意防雷安全。 (5)在游览线路的适当位置修建避雷亭。 (6)根据雷电预警信息,提醒、组织游客及时进入安全地带。 (7)发生雷电灾情,应及时上报雷电灾情。		

表 5.16　学校不同等级防范措施

措施＼等级		一级	二级	三级
工程性措施	建筑物防雷等级	建(构)筑物的防雷措施应符合 GB 50057—2010 的规定。	建(构)筑物的防雷措施应符合 GB 50057—2010 的规定。	建(构)筑物的防雷措施应符合 GB 50057—2010 的规定。
	电子信息系统防护等级	宜确定为 C 级；防雷措施应符合 GB 50343—2012 的规定。	宜确定为 D 级；防雷措施应符合 GB 50343—2012 的规定。	宜确定为 D 级；防雷措施应符合 GB 50343—2012 的规定。
非工程性措施		(1)建立雷电安全管理制度,制定雷电灾害应急预案,开展雷电防御知识培训。 (2)按法律法规定每年委托具有防雷检测资质的机构进行定期检测一次,并对防雷安全隐患及时整改。 (3)设立专门雷电安全管理员,组织防雷装置自查,确保防雷装置正常运行。 (4)根据雷电预警信息,通过广播和 LED 显示屏及时告知师生,做好相应防范措施。 (5)采取发放防雷宣传资料、简报、张贴画、现场宣讲等方式,加强防雷科普知识宣传。 (6)在雷雨天气应停止在操场活动并远离旗杆、金属围栏、大树等易遭受雷击的地点。 (7)发生雷电灾情,应及时上报雷电灾情。		

6 雷灾灾损与灾度分析

历史灾害数据作为灾害事故发生后的直接反映,通过收集整体贵州省 2000—2011 年历史雷电灾情资料,分析雷灾事故年、月、日时间分布特征,从统计的人身伤亡和财产损失两个方面分析贵州省灾损情况分布,并采用信息扩散技术开展灾情事故等级重现率分析,以期为防雷减灾提供决策建议。

6.1 灾情统计分布

据不完全统计,2000—2011 年贵州省共发生雷电灾害 1452 次,年均达 132 次。各市州雷电灾害事故分布如图 6.1 所示:贵阳、黔东南州、遵义、铜仁、黔南州的雷电灾害次数,占全省总灾数的 69.3%;其中,贵阳发生雷电灾害次数最多,达 328 次,占总雷灾数的 22.6%;六盘水最少,仅 68 次。

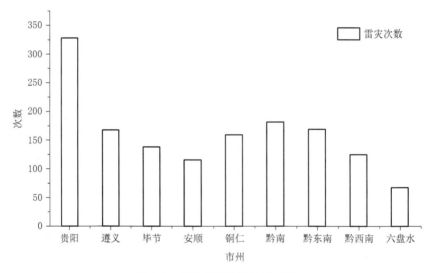

图 6.1 雷电灾害次数地域分布

分析各市州每百平方千米雷电灾害次数分布(如图 6.2 所示),平均雷灾密度约为 0.73×10^{-2} 次/km²,贵阳为全省雷电灾害高密度中心,达 4.08×10^{-2} 次/km²,为贵州省雷灾密度的 5.6 倍。

6.1.1 时间分布

2000—2011 年,雷电灾害事故整体呈现逐年减少的趋势,其中 2002 年雷灾发生次数最多,为 283 次,2010 年最少,为 36 次(如图 6.3 所示)。月频分布上,雷电灾害主要分布在 4—8 月,共计 1243 次,占总雷灾数的 85.6%。其中 7 月雷电灾害发生最频繁,达 317 次,其次为 4

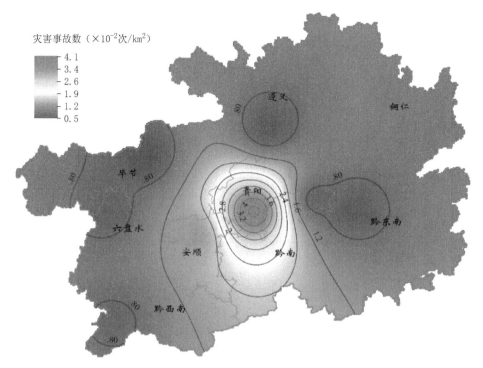

图 6.2　雷电灾害事故数等值线分布

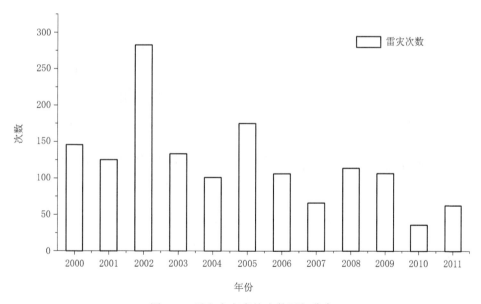

图 6.3　雷电灾害事故次数逐年分布

月、6 月,分别达 244 次和 269 次(如图 6.4 所示)。由雷电灾害事故次数日分布可知(如图 6.5 所示),雷电灾害主要发生在 14—23 时,占总雷灾数的 75.4%。其中 17 时雷灾最频繁,占总雷灾数的 14.3%。

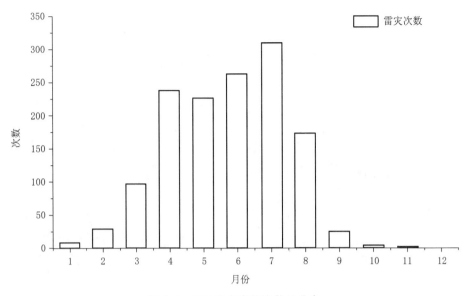

图 6.4 雷电灾害事故次数月分布

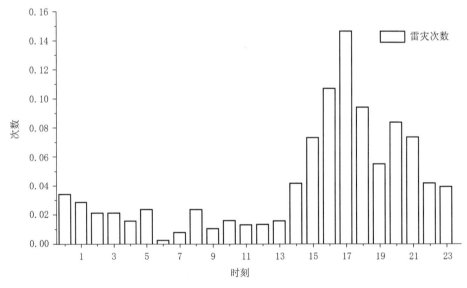

图 6.5 贵州省雷电灾害次数日分布

6.1.2 财产损失

据不完全统计,2000—2011 年因雷击造成财产损失约为 11694.87 万元,年均达 974.57 万元;其中 2002 年因雷击造成的财产损失最高,达 3069.31 万元,远高于年均损失。此外,雷击造成财产损失呈现逐年减少的趋势。

地域分布上,财产损失高发区分布在贵阳—安顺—黔西南一线,整体呈现中西、中南部高于东部、北部。其中贵阳为最高,占总损失的 21.16%,达 3059.44 万元。贵阳、安顺、六盘水财产损失密度(每百平方千米财产损失)高于其他市州,分别达 38.08、19.78、13.66 万元/(100 km²),高于全省平均雷灾财产损失密度 10.65 万元/(100 km²)(如图 6.6、图 6.7 所示)。

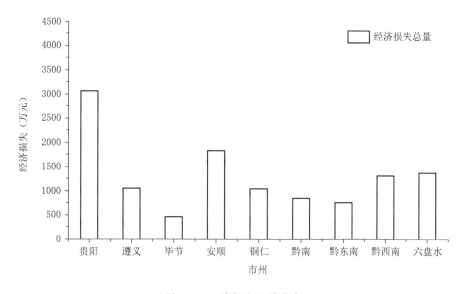

图 6.6　经济损失地域分布

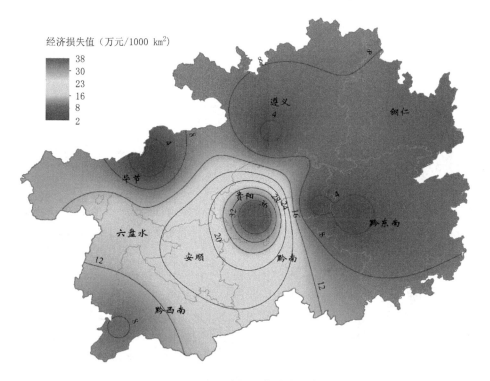

图 6.7　经济损失等值线分布

6.1.3　人身伤亡

2000—2011 年,贵州省因雷击而导致人身伤亡事故共 300 次,年均 27.3 次;共造成 828 人伤亡,为 2.8 人/每起。其中 2002 年为雷电伤亡人数最多,151 人因雷击造成伤亡。因雷击死亡人数与受伤人数之比约为 1:1.24,低于全国 1:1。

此外,雷击造成人身伤亡呈现逐年减少的趋势,减速约为 6.65 人/年,人身伤亡事故主要发生在 4—8 月,占 88.3%,9 月至次年 2 月基本无人身伤亡事故发生。

地域分布上,人员伤亡情况整体呈现西部高于东部,南部高于北部。主要分布在毕节、黔东南、黔南,占总伤亡的 63.9%,其中毕节伤亡人数最多,为 160 人。六盘水、安顺人员伤亡密度(每千平方千米伤亡人数)高于其他市州,分别达 7.7 人/(1000 km²)、6.9 人/(1000 km²),高于全省平均雷灾伤亡人数密度 3.3 人/(1000 km²)(如图 6.8、6.9 所示)。

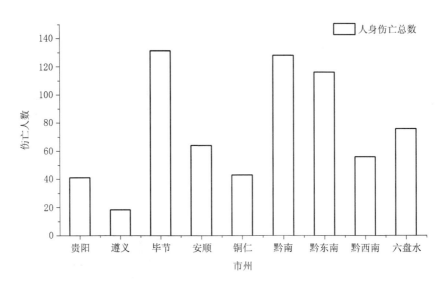

图 6.8　人身伤亡事故数地域分布

6.2　灾损分析

为进一步综合分析雷电灾害损失情况,选取历史雷灾统计数据中的人身伤亡和财产损失情况,通过这两个指标对雷灾损失程度进行综合评价,分析贵州省雷电灾害损失情况分布。

$$灾损程度＝A×人身伤亡＋B×财产损失$$

其中,A 为人身伤亡对应的权重系数,B 为财产损失对应的权重系数。

确定指标权重旨在确定风险结果与评价指标之间的数值换算关系,是定量化分析风险评价的必要途径。本节采用投影寻踪的客观方法,通过遗传迭代,寻求最优投影方向,将多维数据投影到低维空间。表 6.1 为各市州 12 年中雷电灾害损失情况,采用遗传计算过程中选定父代初始种群规模为 400,交叉概率为 $P_c＝0.80$,变异概率 $P_m＝0.20$,得出最佳投影方向各分量值为 $\vec{a}＝(0.6492,0.3508)$。最佳投影方向的各分量值大小反映该指标对的贡献程度,即为权重系数,即灾损程度＝0.6492×人身伤亡＋0.3508×财产损失。基于 GIS 平台进行计算,采用自然断点分级法将雷电灾害损失程度划分为高、中、低三个等级(如表 6.2 所示)。灾损程度整体呈现西部高于东部,贵阳、安顺、六盘水灾损程度最高、黔西南、毕节、黔南次之,黔东南、铜仁、遵义灾损程度相对最低(如图 6.10 所示)。

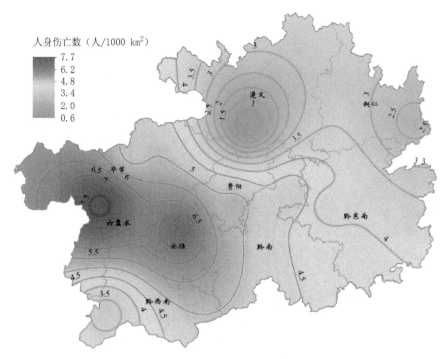

图 6.9　人身伤亡事故数等值线分布

表 6.1　各市州雷电灾害损失情况

区域	人员伤亡（人/(1000 km²))	财产损失（万元/(1000 km²))
安　顺	6.91	19.78
毕　节	4.88	1.72
贵　阳	5.10	38.08
六盘水	7.67	13.66
黔东南	3.82	2.49
黔　南	4.88	3.21
黔西南	3.33	7.78
铜　仁	2.39	5.75
遵　义	0.59	3.38

表 6.2　自然间距断点法划分灾害损失程度

序　号	范　围	灾害损失程度
1	0.0817～0.3783	低
2	0.3784～0.5403	中
3	0.5404～0.7792	高

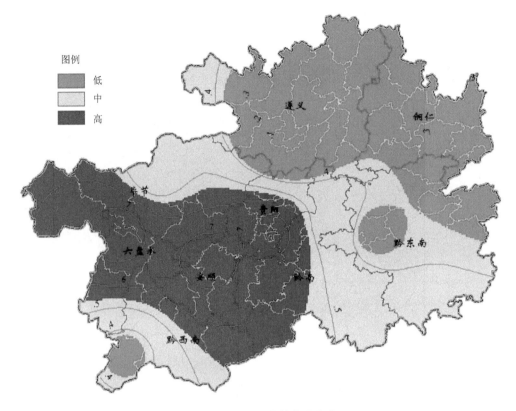

图 6.10 灾度指数等值线分布

6.3 灾度分析

国内尚未形成较成熟的雷电灾害灾度评价方法。目前,贵州省雷电灾害灾情评价也仅处于简单统计实物经济损失和人员伤亡的初级阶段。如何准确、定量化地计算贵州省雷电灾害造成的综合损失是一个十分复杂的问题。贵州省雷电活动频繁,2000—2011 年,全省 800 多人遭受雷击导致伤亡,造成财产损失达数亿元。因此,急需建立一套科学的雷电灾害灾度评价方法,是实现防雷减灾和救灾决策科学化的基础。

6.3.1 分析方法

层次分析法(Analytic Hierarchy Process,简称 AHP)是将与决策总是有关的元素分解成目标、准则、方案等层次,在此基础之上进行定性和定量分析的决策方法,基本流程图(如图6.11 所示)。该方法是美国运筹学家匹茨堡大学教授萨蒂于 20 世纪 70 年代初,在为美国国防部研究"根据各个工业部门对国家福利的贡献大小而进行电力分配"课题时,应用网络系统理论和多目标综合评价方法,提出的一种层次权重决策分析方法。

本节将 AHP 法引入对贵州省雷灾灾度分析中,应用 yaahp 层次分析法软件,建立贵州省雷电灾度层次模型和灾度方程。

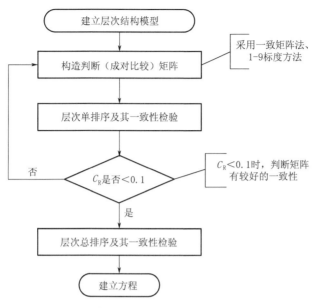

图 6.11　层次分析法流程图

6.3.2　雷灾灾情评估过程及各指标权重的确定

依据贵州省的具体情况，结合 2000—2011 年雷电灾害资料，初步建立了贵州省雷灾灾情层次模型（如图 6.12 所示）。

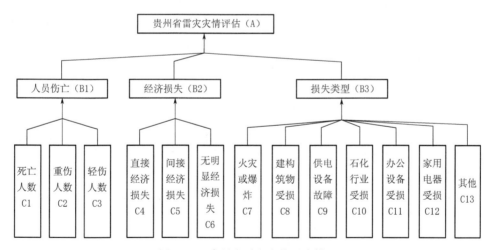

图 6.12　贵州省雷灾灾情层次模型

由贵州省雷灾灾情层次模型可知，共需构建 4 个判断矩阵（如表 6.3～表 6.7 所示）。采用 1—9 标度法，根据 A、B、C 层中各指标的相对重要性，然后用数值表示，建立贵州省雷灾灾情影响因子的判定矩阵；并利用方根法计算各因素的权重，用 W_i 表示；判断矩阵的最大特征值，用 λ_{max} 表示；并对判断矩阵进行一致性检验，C_R 为一致性比值，当 $C_R = C_I/R_I < 0.1$ 时，确认判断矩阵一致性成立。判断矩阵 R_I 的取值，用 1—9 标度法得到的判断矩阵 R_I 的见表 6.7（$n = 3$ 时，$R_I = 0.58$；$n = 7$ 时，$R_I = 1.32$）。所有表中 C_R 值均 < 0.1，说明建立的 4 个判断矩阵

有较好的一致性。

表 6.3　贵州省雷灾灾情评估(A)矩阵特征及一致性检验结果

贵州省雷灾灾情评估(A)	B_1	B_2	B_3	W_i
人员伤亡(B_1)	1	7	6	0.7504
经济损失(B_2)	1/7	1	1/3	0.0782
损失类型(B_3)	1/6	3	1	0.1713

对总目标权重:1.0000;R_1=0.58;λ_{max}=3.0999;C_R:0.0961($<$0.1)

表 6.4　人员伤亡(B_1)矩阵特征及一致性检验结果

人员伤亡(B_1)	C_1	C_2	C_3	W_i
死亡人数(C_1)	1	7	9	0.7854
重伤人数(C_2)	1/7	1	3	0.1488
轻伤人数(C_3)	1/9	1/3	1	0.0658

对总目标权重:0.7504;R_1=0.58;λ_{max}=3.0803;C_R:0.0772($<$0.1)

表 6.5　经济损失(B_2)矩阵特征及一致性检验结果

经济损失(B_2)	C_4	C_5	C_6	W_i
直接经济损失(C_4)	1	1/2	7	0.3531
间接经济损失(C_5)	2	1	8	0.5861
无明显经济损失(C_6)	1/7	1/8	1	0.0608

对总目标权重:0.0782;R_1=0.58;λ_{max}=3.0349;C_R:0.0336($<$0.1)

表 6.6　损失类型(B_3)矩阵特征及一致性检验结果

损失类型(B_3)	C_7	C_8	C_9	C_{10}	C_{11}	C_{12}	C_{13}	W_i
火灾或爆炸(C_7)	1	5	3	2	4	5	7	0.3496
建构筑物受损(C_8)	1/5	1	1/2	1/2	3	2	2	0.0987
供电设备故障(C_9)	1/3	2	1	2	3	5	6	0.2104
石化行业受损(C_{10})	1/2	2	1/2	1	4	6	6	0.1956
办公设备受损(C_{11})	1/4	1/3	1/3	1/4	1	2	2	0.0636
家用电器受损(C_{12})	1/5	1/2	1/5	1/6	1/2	1	1	0.0426
其他(C_{13})	1/7	1/2	1/6	1/6	1/2	1	1	0.0395

对总目标权重:0.1713;R_1=1.32;λ_{max}=7.3092;C_R:0.0379($<$0.1)

表 6.7　随机一致性指标 R_1

n	1	2	3	4	5	6	7	8	9
R_1	0	0	0.58	0.90	1.12	1.24	1.32	1.41	1.45

　　计算出各层次判断矩阵中的中间层和最底层排序后,需要进行对各指标相对于总指标的权重进行排序,即计算最低层所有指标对于最高层的相对重要性。计算所得权重表示各指标在贵州省雷灾灾情评估过程中的相对重要性(如表 6.8 所示)。

表 6.8　各指标在总评估中的权重

贵州省雷灾灾情评估(A)	权重
死亡人数(C_1)	0.5894
重伤人数(C_2)	0.1117
轻伤人数(C_3)	0.0494
直接经济损失(C_4)	0.0276
间接经济损失(C_5)	0.0459
无明显经济损失(C_6)	0.0048
火灾或爆炸(C_7)	0.0599
建构筑物受损(C_8)	0.0169
供电设备故障(C_9)	0.0360
石化行业受损(C_{10})	0.0335
办公设备受损(C_{11})	0.0109
家用电器受损(C_{12})	0.0073
其他(C_{13})	0.0068

6.3.3　雷灾灾度公式的确定

通过贵州省雷灾灾度的层次分析,得出了各评估指标的权重值,根据权重建立雷灾公式如下:

$$G_1=0.7854H_亡+0.1488H_重+0.0658H_轻 \tag{6.1}$$

其中,G_1 为人员伤亡灾度,$H_亡$ 为死亡人数,$H_重$ 为重伤人数,$H_轻$ 为轻伤人数。

$$G_2=0.3531E_直+0.5861E_间+0.0608E_无 \tag{6.2}$$

其中,G_2 为经济损失灾度,$E_直$ 为直接经济损失,$E_间$ 为间接经济损失,$E_无$ 为无明显经济损失。

$$G3=0.3496D_火+0.0987D_建+0.2104D_电+0.1956D_化+0.0636D_办+0.0426D_家+0.0395D_{其他} \tag{6.3}$$

其中,$G3$ 为损失类型灾度,$D_火$ 为火灾或爆炸,$D_建$ 为建构筑物受损,$D_电$ 为供电设备故障,$D_化$ 为石化行业受损,$D_办$ 为办公设备受损,$D_家$ 为家用电器受损,$D_{其他}$ 为其他受损。

$$G=7.504G_1+0.0782G_2+1.713G_3 \tag{6.4}$$

其中,G 为雷灾灾度。由于一次雷灾事故中的人员伤亡数量、损失类型与经济损失数量通常会相差很大,为使各个指标对灾度值的贡献保持在同一级别,对式中的人员伤亡量、损失类型值扩大 5 倍或 10 倍。

6.3.4　灾级的划分

雷灾灾度 G 能够定量的确定每次雷电灾害的相对损失程度,存在同类可比性的优点。以贵州省 1542 次雷灾资料作为样本,观察和分析每次雷灾记录后,计算每一次雷灾的 G 值;然后采用等差分级法,确定各雷灾灾级的取值范围,进行雷电灾害分级(如表 6.9 所示)。划分时还需遵循以下原则:要认清雷电灾害的自身特点,结合实际情况,使各级划分基本能符合自然事物的一般分布规律。

表 6.9　雷电灾级等级划分

灾级	轻微	一般	较重	严重	特重
灾度	$G \leqslant 0.9$	$0.9 < G \leqslant 2.0$	$2.0 < G \leqslant 3.8$	$3.8 < G \leqslant 4.8$	$4.8 < G$

6.3.5　案例分析

(1)2011 年 7 月 7 日 0 时 40 分,贵州某电化有限公司遭雷击,烧毁 1 台 3.5 万伏直流变压器、1 台冷却器、4 组短网、1 个 380V 配电柜,直接经济损失共计 100 万元。

本例有经济损失指标和供电设备故障损失类型,代入式(6.4),得 $G = 5.28$,属于特重雷灾。

(2)2011 年 6 月 9 日晚,独山县上司镇上司村尧眉组杨某、袁某夫妇二人及 10 只羊在羊棚内遭雷击死亡。

本例有人员伤亡指标和其他损失类型,代入式(6.4),得 $G = 6.57$,属于特重雷灾。

(3)2009 年 6 月 21 日,贵阳市碧海花园"松景阁"小区居民家遭雷击,损坏电脑 5 台、彩电1 台、电视机顶盒 1 个、太阳能热水器 1 台、门面房的电子卷帘门 3 间和单元电子门电脑板3 个。

本例只有经济损失、办公和家用电器损失类型,代入式(6.4),得 $G = 1.99$,属于一般雷灾。

(4)2008 年 8 月 25 日晚,武警一支队加油站遭受雷击,造成该加油站办公楼局部墙体受损,电话线断开,液压仪损坏,共计三台加油机主板及显示屏损坏,直接经济损失约 6.5万元。

本例只有经济损失、石化行业受损损失类型,代入式(6.4),得 $G = 2.45$,属于较重雷灾。

从以上案例所示,评估结果是合理的,符合雷电灾害的不同损失程度的判定。对不完整的雷灾记录进行雷灾灾度评估时,其评估结果不可避免地与实际情况存在一定的差异,但其结果还是比对人为雷灾记录的统计更真实、可靠。

6.4　灾情事故等级重现率

雷电灾害泛指雷击或雷电电磁脉冲入侵和影响造成人员伤亡或物体受损,其部分或全部功能丧失,酿成不良的社会和经济后果的事件。作为自然界中影响人类活动的最重要灾害之一,无时无刻影响着人身安全、经济建设、信息、航天、军事、交通、生态及体育活动安全,已经被联合国列为"最严重的十种自然灾害之一"。因此,对雷电灾害事故的预测研究分析显得尤为重要。但以往对雷电灾害的分析采取概率统计的方法较多,通常需要样本容量尽可能大,一般至少达到 30 个以上,样本容量小于 30 的情况下会导致分析结果波动性较大,存在大幅度偏离实际的情况。由于受地域、经济、社会关注度等因素的影响,雷电灾害统计资料存在样本小、容量低等特点。为解决此类问题,黄崇福教授提出基于信息扩散理论的灾害风险评估方法,以解决小样本事件的缺陷。信息扩散模型是以历史灾情资料为依据,将样本数据进行集值化的一类模糊数学方法。因该模型对概率分布未知、样本数量较少的自然灾害具有良好的适用性,从而成为模糊不确定性方法中运用最为广泛的模型之一,被广泛用于洪涝灾害、气象灾害、火灾和地震等特定灾害评估与预测中。为此,本节将信息扩散模型应用于雷电灾害事故的评估预测,以贵州历史雷灾资料为背景,预测不同强度等级雷灾事故发生的可能性,以期为全省防雷减灾提供决策建议。

根据《雷电灾害应急处置规范》(QX/T245—2014)划分标准:特别重大雷电灾害事故指因雷击造成 4 人以上身亡,或 3 人身亡并有 5 人以上受伤,或没有人员身亡但有 10 人以上受伤,或直接经济损失 500 万元以上的雷电灾害事故;重大雷电灾害事故指因雷击造成 2~3 人身亡,或 1 人身亡并有 4 人以上受伤,或没有人员身亡但有 5~9 人受伤,或直接经济损失 100 万元至 500 万元以下的雷电灾害事故;较大雷电灾害事故指因雷击造成 1 人身亡,或没有人员身亡但有 2~4 人受伤,或直接经济损失 20 万元以上 100 万元以下的雷电灾害事故;一般雷电灾害事故指因雷击造成 1 人受伤或直接经济损失 20 万元以下的雷电灾害事故。统计贵州近 12 年不同等级雷灾事故,作为进一步处理的分析样本。

6.4.1 信息扩散技术

在应用信息扩散模型中,扩散函数与扩散系数直接关系到结果准确与否的关键。本节选用的是最简单的正态扩散函数。黄崇福(2005)对不同扩散函数进行了验证。结果表明,在样本容量不大的情况下,简单正态分布要优于指数分布和对数正态分布。对于扩散系数,许多研究者也对此做了探讨与改进。

设 X_i 为历史雷灾发生的样本,全省 m 年内实际记录为 $x_1,x_2,x_3,\ldots,x_m$,则 $X_i=\{x_1,x_2,x_3,\ldots,x_m\}$,$X$ 为记录样本集合,X_i 为样本到实际观测值。

设研究样本指标论域为

$$U=\{u_1,u_2,u_3,\ldots,u_n\} \qquad (6.5)$$

单值观测样本点 x 将其所携带的信息按照式(6.6)依次扩散到集合 U 中;

$$f(u_n)=\frac{1}{h\sqrt{2\pi}}\exp\left[-\frac{(x-u_n)^2}{2h^2}\right] \qquad (6.6)$$

其中,h 称为扩散系数。可根据样本最大值 b 和最小值 a 及样本点个数 m 来确定。公式为

$$h=\begin{cases}0.6841(b-a), & m=5 \\ 0.5404(b-a), & m=6 \\ 0.4482(b-a), & m=7 \\ 0.3839(b-a), & m=8 \\ 2.6851(b-a)/(m-1), & m\geqslant 9\end{cases} \qquad (6.7)$$

令 $C_i=\sum_{j=1}^{n}f_i(u_j)$,相应的模糊子集的隶属函数是 $\varphi_{x_i}(u_j)=\frac{f_i(u_j)}{C_j}$,称 $\varphi_{x_i}(u_j)$ 为样本点 X_i 的归一化信息分布,对其进行处理,便可得到一种效果较好的风险评估结果。

令 $\omega(u_j)=\sum_{i=1}^{m}\varphi_{x_i}(u_j)$,其物理意义是:由 $\{x_1,x_2,x_3,\ldots,x_m\}$,经信息扩散推断出,如果灾害观测值只能取 $u_1,u_2,u_3,\ldots,u_n$ 中的一个,在将 x_j 均看作是样本点代表时,观测值为 φ_j 的样本点个数 $\omega(u_j)$。显然 $\omega(u_j)$ 通常不是一个正整数,但一定是一个不小于零的数。

易知样本点落在 u_j 处的频率值 $p(u_j) = \dfrac{\omega(u_j)}{\sum\limits_{j=1}^{n} \omega(u_j)}$，对于 $X_i = \{x_1, x_2, x_3, \ldots, x_m\}$，$x_j$

取为论域 U 中的某一个元素 u_j。显然，超越 u_j 的概率值应为 $p(u \geqslant u_j) = \sum\limits_{k=j}^{m} p(u_k)$。

6.4.2 实例分析

据不完全统计，贵州 12 年中发生雷电灾害事故 1084 起，月频分布集中在 4—8 月，占雷灾总数的 85% 以上；时频分布主要集中在 14—23 时，占 75% 以上。全省以一般雷电灾害事故为主，占历年雷灾总数的 73.5% 以上；较大、重大雷电灾害事故数相继次之，特别重大雷电灾害事故数为 11 次，不足 1.1%。12 年中不同等级雷灾事故数分布如图 6.13 所示。

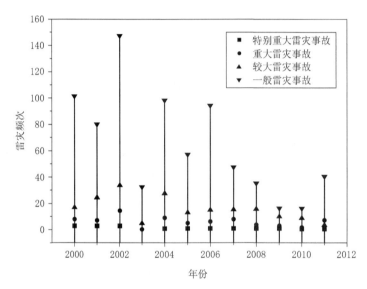

图 6.13 贵州省 2000—2011 年不同等级雷灾频数分布

根据全省近 12 年各等级雷灾频数变化范围，构建特别重大、重大、较大、一般雷电灾害事故的离散论域分别为 $\{0,1,\cdots,5\}$、$\{0,1,\cdots,25\}$、$\{0,1,\cdots,40\}$、$\{0,1,\cdots,200\}$，按照式(6.7)确定扩散系数，并将样本按照式(6.6)扩散至不同等级的雷灾论域中，计算不同等级雷灾对应的不同频次出现的概率，其分布概率、累积概率曲线如图 6.14 所示。

图 6.14 中的概率表示在各雷灾频次下今后每年中该频次发生的可能性，由分布概率曲线可知：特别重大、重大、较大、一般雷灾事故对应的事故频数分别分布在 0～3 次、1～7 次、2～22 次、10～103 次，累积风险概率分别达 99.2%、77.2%、73.8%、76.8%；峰值分别为 0 次、7 次、14 次、34 次，发生的可能性分别为 0.5687、0.1071、0.0487、0.0108；不发生(0 次)的概率分别为 0.5687、0.0558、0.0107、0.0037，分别约为 2 年、18 年、90 年、270 年一遇。

由累积概率曲线，结合表 6.10 可知，全省每年特重大、重大、较大、一般雷灾事故数分别超过 5 次、22 次、48 次、200 次的可能性几乎为零，按照表中的精度可以认为万年难遇。以特重大雷灾事故为例，其风险水平为 1 次，对应的风险估计值为 0.4312，换言之，贵州特重大雷灾事故每年不小于 1 次的可能性约为 2 年一遇。

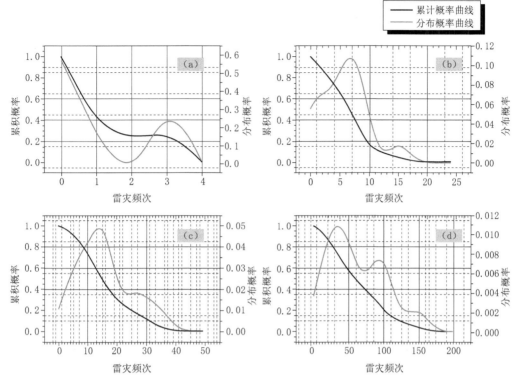

图 6.14　雷灾事故发生概率
（a.特别重大雷灾事故；b.重大雷灾事故；c.较大雷灾事故；d.一般雷灾事故）

表 6.10　不同等级雷灾风险估计值

特重大雷灾事故		重大雷灾事故		较大雷灾事故		一般雷灾事故	
风险水平	风险估计值	风险水平	风险估计值	风险水平	风险估计值	风险水平	风险估计值
0	1.0000	0	1.0000	0	1.0000	0	1.0000
1	0.4313	1	0.9441	2	0.9749	8	0.9623
2	0.2556	2	0.8787	4	0.9341	16	0.9062
3	0.2416	3	0.8083	6	0.8786	24	0.8336
4	0.0084	4	0.7332	8	0.8115	32	0.7502
5	0.0000	5	0.6502	10	0.7347	40	0.6639
		6	0.5563	12	0.6481	48	0.5830
		7	0.4522	14	0.5531	56	0.5128
		8	0.3451	16	0.4567	64	0.4541
		9	0.2477	18	0.3707	72	0.4025
		10	0.1722	20	0.3042	80	0.3511
		11	0.1232	22	0.2565	88	0.2955
		12	0.0959	24	0.2191	96	0.2370
		13	0.0801	26	0.1837	104	0.1818
		14	0.0665	28	0.1475	112	0.1370

特重大雷灾事故		重大雷灾事故		较大雷灾事故		一般雷灾事故	
风险水平	风险估计值	风险水平	风险估计值	风险水平	风险估计值	风险水平	风险估计值
		15	0.0505	30	0.1125	120	0.1052
		16	0.0331	32	0.0808	128	0.0834
		17	0.0181	34	0.0536	136	0.0661
		18	0.0080	36	0.0315	144	0.0494
		19	0.0028	38	0.0158	152	0.0331
		20	0.0008	40	0.0066	160	0.0192
		21	0.0002	42	0.0022	168	0.0093
		22	0.0000	44	0.0006	176	0.0038
		23	0.0000	46	0.0001	184	0.0012
		24	0.0000	48	0.0000	192	0.0003
		25	0.0000	50	0.0000	200	0.0000

基于信息扩散理论,以贵州2000—2011年历史雷灾资料为背景,预测不同强度等级雷灾事故发生的可能性。在信息缺失或不足的条件下,从样本出发,通过一定的扩散函数来估计母体的概率密度函数,将一个样本点发展成为多个样本点,以扩大样本容量,克服研究过程中面临的历史灾害资料较少、灾害概率分布未知等困难,以提升了结果的合理性。在信息扩散模型的具体运用过程中,对不同类型扩散函数的适用条件及相应的扩散系数的确定将是有待于进一步细化与分析。

7 精细化雷电灾害风险评价

灾害风险评价是针对特定区域遭受灾害的可能性,及其可能造成的危害进行定量化的分析,因其先进的措施和模式受到越来越多灾害管理者的重视。风险、风险管理学与灾害学的结合,始于 20 世纪 30 年代,期间美国田纳西河流域管理局提出了洪水灾害风险评价的理论方法,开启自然灾害风险评价的研究。随后 20 世纪 70 年代,灾害风险研究中将灾害成因机理与社会经济条件结合起来,并由定性的评价逐步转变为半定量和定量评价。

一直以来,世界各国频繁的自然灾害事故,严重影响着人们的日常生活和生命安全,时刻影响着社会经济的发展并造成不可挽回的损失。如何科学、准确、有效地开展灾害风险评估,对灾害管理工作具有重大意义。在理论分析上,Petak 等(1982)分析地震、台风等自然灾害特征,总结灾害评价理论方法并推广应用。Blaikei 等(1994)认为灾害的产生是承灾体与致灾因子相互作用的结果,致灾因子难以改变,减少灾害风险的关键是降低承灾体脆弱性、提高防灾减灾能力。近年来,国内在灾害风险评估理论方面也做了大量研究。黄崇福(2005)针对自然灾害风险评价中灾情数据存在的信息不完备或是缺失的情况,提出基于信息扩散论的风险评价模型,在灾害风险评价与灾情预测方面取得了广泛的应用。史培军(1996)提出了区域灾害系统论的观点,认为灾害是致灾因子、孕灾环境与承灾体综合作用的结果。张继权等(2006)指出灾害评价应注重多层面、多元化及多学科间的相互渗透应用,提出气象灾害的形成是由致灾因子、孕灾环境、承灾体以及防雷减灾能力四个因素作用的结果。倪长健(2014)认为自然灾害风险是指自然灾害系统自身演化而导致未来损失的不确定性,提出应从其风险系统的结构要素、作用机制和演化结果三者入手进行自然灾害风险评估,其中基于作用机制的自然灾害风险评估和基于演化结果的自然灾害风险评估,二者分别适用于应急风险评估和规划风险评估。

对于雷电灾害风险的研究,主要包括基于历史灾情数据和模拟灾害形成过程的风险分析方法。历史灾情数据本身作为自然灾害与承灾体作用的结果,体现承灾体在面临一定强度自然灾害时的损失程度,具有直观可信的优点,但由于历史灾情数据的难以完整而大打折扣。模拟雷电灾害形成过程,从孕灾环境、致灾因子、承灾体及防灾减灾能力的角度出发,无疑是比较科学的,但在实际实施过程中,难以获取研究区域详细的社会经济背景数据,实现孕灾环境、承灾体指标的空间分布。比如传统以各级行政单元为主的人口、经济统计资料无法显示区域内部差异,若针对市州级或更小范围区域开展雷电灾害风险评价时,其精度将无法满足政府决策需求。据此突破风险评价受传统行政区域的限制,实现社会经济数据空间化;获取精准的人口经济数据分布,实现灾害风险精细化格点分析势在必行。

雷电灾害作为"最严重的十种自然灾害之一",作用于承灾体主要表现为人身伤亡和经济财产损失两个方面,取决于当地的经济和人口密集程度。然而人口经济相关数据通常是以各级行政单元进行统计,存在空间单元尺度大,分辨率低等缺陷,难以满足风险决策的需求。因此,创建区域范围内连续的人口、经济数据表面,实现数据空间化是解决问题的关键。目前比较常见有土地利用/覆盖数据对社会经济数据重分配,高程带、坡度带、坡向带、公路、铁路、水系、土地覆被、居民点等多源数据与社会经济融合以及 DMSP/OLS 夜间灯光遥感数据反演三种空间化方法。

研究结合贵州省山地自然环境特征,基于统计年鉴资料、土地覆盖数据、植被指数(ND-VI)、DMSP/OLS 夜间灯光及 DEM 数据,建立人口、GDP 数据空间化模型反演其空间分布,为承灾体脆弱性评估提供精细化、可靠的数据源。同时从致灾因子、孕灾环境、承灾体三个方面选取相应的评价指标,基于目标、准则、指标层建立雷电灾害风险评价结构模型,实现贵州省 1km×1km 雷电灾害风险区划。不仅可以为防雷减灾科学决策提供依据,而且可以其他灾害开展精细化风险评价提供参考。

7.1 区域概况及资料来源

7.1.1 区域概况

贵州地处云贵高原东部,属于中国西南部高原山地,地势西高东低,自中部向北、东、南三面倾斜,平均海拔在 1100 米左右。全省辖管 6 个地级市(贵阳、遵义、六盘水、安顺、铜仁、毕节)及 3 个少数民族自治州(黔南、黔西南、黔东南),共 88 个区县级行政区。根据《贵州省统计年鉴》显示,截至 2015 年底,全省常住人口 3529.50 万人,GDP 达 10502.56 亿元。

贵州省年均闪电密度介于 0.16～7.15 次/km²,呈地域性差异分布,西部高于东部、南部高于北部,整体分布由西向东递减。其中普安西北部、水城东北部、普定西部、织金西北部、望谟中北部为全省闪电密度高值区,年均闪电密度高于 7.00 次/km²(如图 7.1 所示)。

7.1.2 资料来源

(1)DMSP/OLS 夜间灯光数据

DMSP/OLS 夜间灯光数据来源于美国国家地球物理数据中心(NGDC,The National Geophysical Data Center)。美国国防气象卫星计划 Defense Meteorological Satellite Program(DMSP)是美国国防部的极轨卫星计划,与 NOAA 卫星同属于一类,只不过星上载荷不同。现有 DMSP 为三轴姿态稳定卫星,运行在高度约 830 km 的太阳同步轨道,周期约 101 min,扫描条带宽度 3000 km,每天绕地球飞行 14 圈,得到 4 次全球覆盖图,分别是清晨、白天、黄昏和夜晚。

DMSP 上的线性扫描业务系统 Operational Linescan System(OLS)最初是专门为云层监测设计的振荡扫描辐射计,共设有两个波段:可见光—近红外(VNIR)波段,0.4～1 μm,光谱分辨率 6 比特,灰度值范围 0～63;热红外(TIR)波段,10～13 μm,光谱分辨率 8 比特,灰度值范围 0～255。其中可见光波段又有两套探测器,白天使用光学望远镜头,夜间使用光学倍增管。夜间光学倍增管的入瞳单位波长辐亮度允许低至 10～9 Watts·cm^{-2}·sr^{-1}·μm^{-1},这比 OLS 白天可见光通道或 NOAA/AVHRR、LANDSAT/TM 等其他传感器的相应通道所能探测到的辐射大约低 4 个数量级。光学倍增管起初是为气象目的设计,用于探测月光照射下的云,后来由于其具有很强的光电放大能力,因此逐渐被应用于探测城镇灯光、极光、闪电、渔

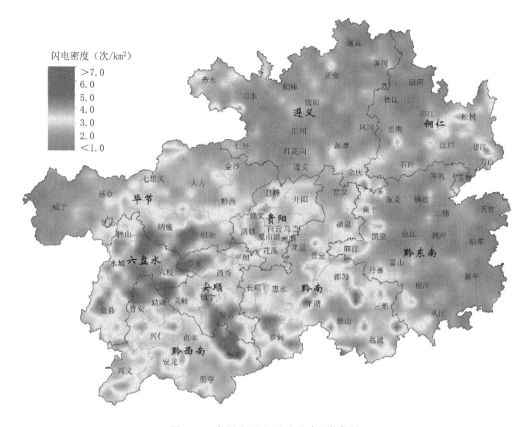

图 7.1 贵州省雷电活动分布(附彩图)

火、火灾等地表活动。

　　通常来说,卫星传感器获取的主要是地表的太阳辐射反射信号,而 DMSP/OLS 传感器独辟蹊径,采集的是夜间灯光、火光等产生的辐射信号。DMSP/OLS 传感器在夜间工作,能探测到城市灯光甚至小规模居民地、车流等发出的低强度灯光,并使之区别于黑暗的乡村背景。因此,DMSP/OLS 夜间灯光影像可作为人类活动的表征,成为人类活动监测研究的良好数据源。使用 DMSP/OLS 数据主要有以下两点优势:第一,DMSP/OLS 不依赖于高空间分辨率,它的影像分辨率通常在 1 km 左右,因而影像数据量非常小,甚至不到 TM 数据的 1%,在对 DM-SP/OLS 数据进行处理时更加简便;第二,DMSP/OLS 夜间灯光影像能反映综合性信息,它涵盖了交通道路、居民地等与人口、城市等因子分布密切相关的信息。因此,在用 DMSP/OLS 灯光数据时无须再单独考虑这些因素。

　　(2)土地覆盖数据

　　土地覆盖数据来源于 TERRA、AQUA 卫星上的中分辨率成像光谱仪获取的 MODIS 数据,属于 MODIS 三级数据(MCD12Q1)。土地覆盖类型产品(Land Cover data)是根据一年的 Terra 和 Aqua 观测所得的数据经过处理,描述土地覆盖的类型。MODIS Terra＋Aqua 三级土地覆盖类型年度全球 500 m 产品 MCD12Q1 采用五种不同的土地覆盖分类方案,信息提取主要技术是监督决策树分类。下面是该数据中包含的五个数据集(如表 7.1 所示),五个分类方案如下:

　　土地覆盖分类 1:IGBP 的全球植被分类方案

土地覆盖分类 2：美国马里兰大学(UMD 格式)方案

土地覆盖分类 3：基于 MODIS 叶面积指数/光合有效辐射方案

土地覆盖分类 4：基于 MODIS 衍生净初级生产力(NPP)方案

土地覆盖分类 5：植物功能型(肺功能)方案

表 7.1　土地覆盖分类方案

DN 值 \ 分类方案	分类 1	分类 2	分类 3	分类 4	分类 5
0	水	水	水	水	水
1	常绿针叶林	常绿针叶林	草地/谷物	常绿针叶植被	常绿针叶林
2	常绿阔叶林	常绿阔叶林	灌木	常绿阔叶植被	常绿阔叶林
3	落叶针叶林	落叶针叶林	阔叶作物	落叶针叶植被	落叶针叶林
4	落叶阔叶林	落叶阔叶林	热带草原	落叶阔叶植被	落叶阔叶林
5	混交林	混交林	阔叶林	一年期落阔叶林植被	灌木
6	稠密灌丛	稠密灌丛	针叶林	一年期草地植被	草地
7	稀疏灌丛	稀疏灌丛	非植被	非植被用地	谷类作物
8	木本热带稀树草原	木本热带稀树草原	城市	城市	阔叶作物
9	热带稀树草原	热带稀树草原			城市和建筑区
10	草地	草地			雪和水
11	永久湿地				稀疏植被
12	农用地	农用地			
13	城市和建筑区	城市和建筑区			
14	农用地自然植被				
15	冰和雪				
16	稀疏植被	稀疏植被			
254	未分类	未分类	未分类	未分类	未分类
255	背景值	背景值	背景值	背景值	背景值

经过综合比较,结合研究需要选取 IGBP 的全球植被分类方案。该土地覆盖数据集中包含了 17 个主要土地覆盖类型,根据国际地圈生物圈计划(IGBP),其中包括 11 个自然植被类型,3 个土地开发和镶嵌的地类和 3 个非草木土地类型定义类。

(3)归一化植被指数(NDVI)

植被指数(NDVI)是检测植被生长状态、植被覆盖度和消除部分辐射误差等。NDVI 能反映出植物冠层的背景影响,如土壤、潮湿地面、雪、枯叶、粗超度等,且与植被覆盖有关。

在遥感影像中,归一化植被指数为近红外波段的反射值与红光波段的反射值之差比上两者之和:

$$NDVI = \frac{NIR - R}{NIR + R}$$

其中,NIR 为近红外波段的反射值,R 为红光波段的反射值。

$-1 \leqslant NDVI \leqslant 1$,负值表示地面覆盖为云、水、雪等,对可见光高反射;0 表示有岩石或裸土等,NIR 和 R 近似相等;正值,表示有植被覆盖,且随覆盖度增大而增大。

(4)闪电监测资料

闪电监测资料来源于贵州省闪电监测网,该监测于 2006 年组建,已持续运行近 10 余年,建设包括安顺、桐梓、道真、赤水、毕节、凯里、黎平、从江、息烽、兴义、望谟、思南 12 个 ADTD 闪电定位探测子站,有效探测效率能到达 200 km,与周边站点共网后,能实现全省大部分区域闪电活动的实时监测。记录闪击发生的时间、经纬度位置、强度、极性、陡度等参数。

(5)土壤电导率资料

土壤电导率资料来源于世界土壤数据库(简称 HWSD),是由联合国粮农组织(FAO)、国际应用系统分析研究所(IIASA)、荷兰 ISRIC-World Soil Information、中国科学院南京土壤研究所(ISSCAS)、欧洲委员会联合研究中心(JRC)于 2009 年 3 月共同发布,其分辨率可达 1 km。数据库提供 1 km×1 km 格网点的土壤类型(FAO-74、85、90)、土壤相位、土壤(0~100 cm)理化性状(黏土含量、USDA 土壤质地分类、土壤的阳离子交换能力、碳酸盐或石灰含量、硫酸盐含量、可交换钠盐、电导率等 16 个指标)等信息。本节提取其中的电导率作为相关灾害分析的指标。

(6)DEM 数据

海拔、坡度通过数字高程模型获取,来源于美国地质调查局 EROS 数据中心的 GTOP30 数据集,按切片下载后经栅格拼接,剪切生成贵州省 dem 栅格数据,分辨率约为 30 m;坡度在 dem 数据的基础上生成。

7.2 人口数据空间化

7.2.1 技术路线

近年来,随着遥感、地理信息技术的发展及应用,DMSP/OLS 夜间灯光遥感数据被用来模拟人类活动。根据 LU 等提出的人居指数概念及模型,结合贵州山地环境特点,引入坡度分布,对 LU 等(2008)提出的人居指数公式进行修正。根据人居指数分布情况,实现人口数据空间化,反演人口密度分布,技术流程如图 7.2 所示。

$NDVI$ 指数与 DMSP/OLS 夜间灯光数据在反映人类活动方面具有很好的互补性,融合后可以有效减少夜灯数据本身的过饱和现象。据此,LU 等提出人居指数(Human settlement index,HSI)的概念及模型。

$$HSI = \frac{(1 - NDVI_{max}) + OLS_{nor}}{(1 - OLS_{nor}) + NDVI_{max} + OLS_{nor} \times NDVI_{max}} \tag{7.1}$$

$$OLS_{nor} = \frac{OLS - OLS_{min}}{OLS_{max} - OLS_{min}} \tag{7.2}$$

其中,$NDVI_{max}$ 为 $NDVI$ 的最大值,R 为道路网密度指数;OLS_{nor} 为经归一化处理的夜间灯

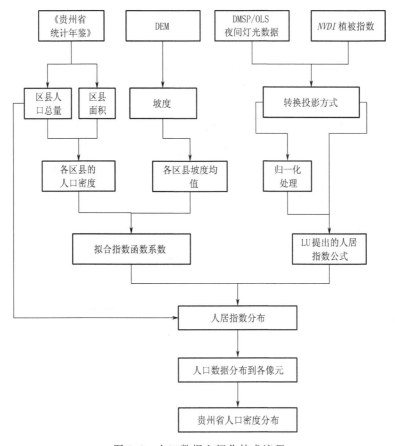

图 7.2　人口数据空间化技术流程

光$(0\sim1)$，OLS_{max}、OLS_{min} 分别为夜间灯光数据的最大值和最小值。

通过修正后的人居指数模型，将人口统计数据按照模型分配到每个像元。为将产生的误差控制在区县级行政区域内部，采用区县级人口统计数作线性调整纠正人口密度分布图，具体公式为

$$人口密度 = HSI \times \frac{人口数据_{区县}}{HSI\ 值_{区县}} \tag{7.3}$$

7.2.2　人口分布

处理后的夜间灯光指数（如图 7.3 所示）与 $NDVI$ 指数（如图 7.4 所示）具有很好的空间对应关系，夜间灯光值高的区域 $NDVI$ 值低。考虑到贵州省属于典型的山区省份，坡度的差异性变化对人口分布的影响比较明显。据此引入坡度分布，对 Lu 等（2008）提出的人居指数公式进行修正。直接采用 DEM 数据进行坡度分析，得到贵州省坡度分布情况（如图 7.5 所示）。进一步采用指数函数回归，分析各区县平均坡度与人口密度的关系（如图 7.6 所示）。

其回归方程的拟合优度 $R^2 = 0.6725$，呈现较好的正相关性。参考 Lu 等（2008）研究，构建人居指数（Human settlement index，HSI）如下：

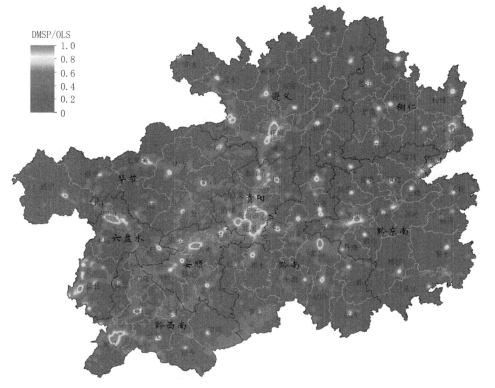

图 7.3 归一化处理后的稳定夜间灯光数据(附彩图)

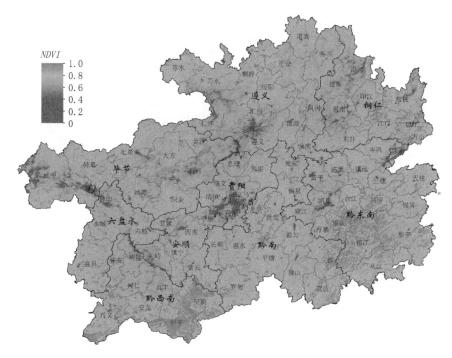

图 7.4 归一化植被指数分布(附彩图)

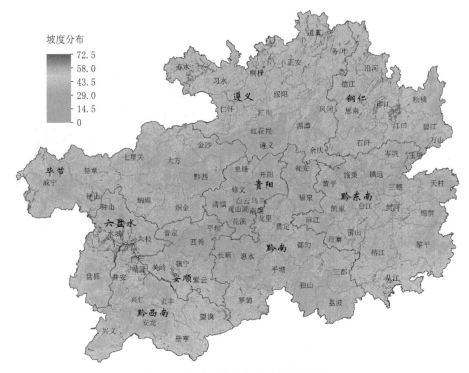

图 7.5　贵州省坡度分布情况（附彩图）

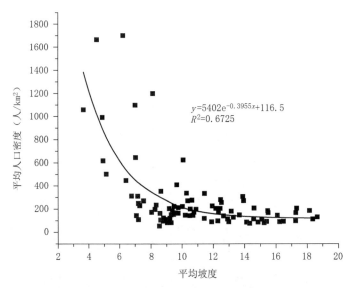

图 7.6　各区县平均坡度与平均人口密度指数函数拟合

$$HSI = \frac{(1 - DNVI_{max}) + OLS_{nor}}{(1 - OLS_{nor}) + NDVI_{max} + OLS_{nor} \times NDVI_{max}} \times e^{-0.3955} \qquad (7.4)$$

　　基于 DMSP/OLS 夜间灯光和 $NDVI$ 植被指数，融入坡度分布修正后人居指数与人口统计数据之间依然有很强的线性相关（如图 7.7 所示），决定系数有所提高（$R^2 = 0.7182$）。为了保证在区县级行政单元上模拟总人口与统计总人口相等，利用统计总人口与模拟总人口的比值对人口密度图进行修正,反演生成分辨率为 1km×1km 的贵州省人口密度分布如图 7.8 所示。人口分布依托行政区域中心分布,密集区主要集中在贵阳至遵义、贵阳至安顺一带。

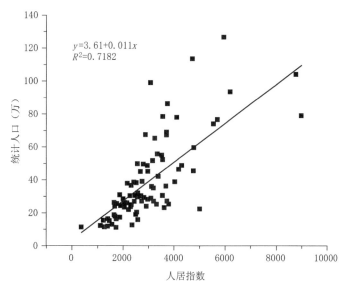

图 7.7 各市县人居指数累计值与统计人口的回归分析

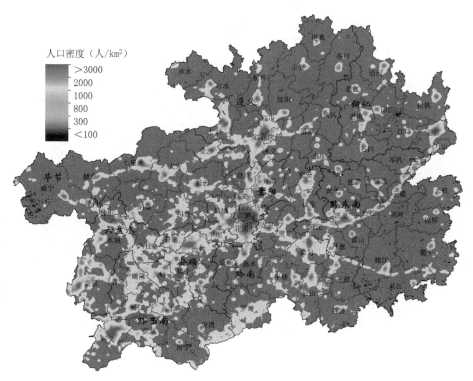

图 7.8 贵州省人口密度分布图(分辨率 1km×1km)(附彩图)

7.3 经济数据空间化

7.3.1 技术路线

GDP 作为反映社会经济发展状况的重要指标,与社会生产活动有着密切的联系。结合 GDP 中三大产业特点,采用土地覆盖数据与夜间灯光数据相互结合,实现 GDP 数据空间化。GDP 数据空间化技术流程如图 7.9 所示。

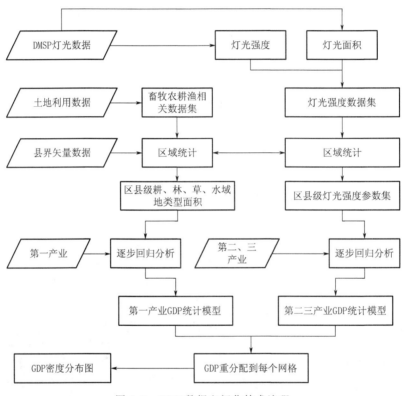

图 7.9 GDP 数据空间化技术流程

(1)第一产业模型

第一产业直接由自然生产力作用,依靠自然资源,尤其是土地资源产出,与土地覆盖数据有着密切的关系。遵循"无土地利用则无 GDP"的原则,采用 MODIS 三级数据 MCD12Q1 中的 IGBP 的全球植被分类方案,从 17 个主要土地覆盖类型中提取与第一产业中农、林、牧、渔等相关的覆盖数据,形成耕地、林地、草地、水域土地利用数据(如图 7.10 所示)。建立第一产业 GDP 空间化分布模型,GDP 的值用 G1 表示。

$$G1 = \sum_{i=1}^{4} G1_i \tag{7.5}$$

$$G1_i = \sum_{j=1}^{n} (A_i \times Area_{ij}) \tag{7.6}$$

其中,$G1_i$ 分别为与耕地、林地、草地、水域四种土地利用数据相关的第一产业 GDP 值,$Area_{ij}$ 为第 j 个区县 i 种土地利用数据对应的面积,A_i 为四种土地利用数据对应的系数。

（2）第二、三产业模型

第三产业主要涉及工业、建筑业和各种服务业，对自然资源的依赖性不大，与间接表征社会经济情况的夜间灯光数据具有明显的相关性。据此，提取 DMSP/OLS 夜间灯光数据强度值（$0 < DN \leqslant 63$），建立空间化分布模型。

$$G2/3 = \sum_{j=1}^{n}(B \times Int_j) \tag{7.7}$$

其中，Int_j 为第 j 个区县夜间灯光强度值，B 为拟合系数。

为保证空间化后的 GDP 误差控制在区县级行政区域内部，采用 $k1$ 和 $k2$ 分别对第一产业和第二、三产业修正处理。

$$G = k1_j \times G1 + k2_j \times G2/3 \tag{7.8}$$

其中，$k1_j$=第 j 个区县第一产业统计值／第 j 个区县第一产业模型计算值，$k2_j$=第二、三产业统计值／第 j 个区县第二、三产业模型计算值。

7.3.2　GDP 分布

在 SPSS 环境下，将各区县第一产业统计值与耕地、林地、草地、水域面积采用式（7.5）、（7.6）进行多元逐步回归分析，耕地、林地、草地、水域对应的系数分别为 0.53、1.30、0.22、15.42，拟合优度 $R^2 = 0.7714$，并通过显著性检验（如图 7.10 所示）。

在 Arcgis 系统中进行栅格分析计算处理，分区域统计空间化后的各区县第一产业数据，与统计数据进行比较，得到的校正系数如表 7.2 所示。

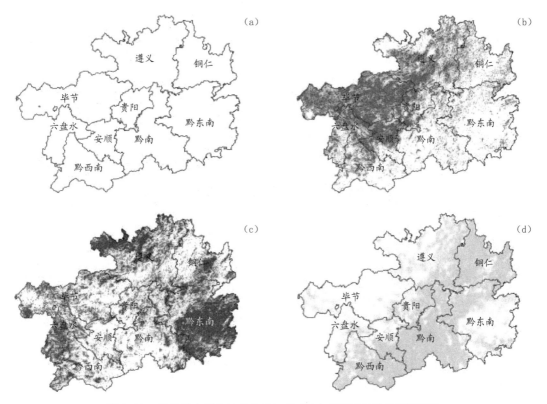

图 7.10　贵州省水域（a）、耕地（b）、林地（c）、草地（d）分布（附彩图）

表 7.2　各区县第一产业空间化校正系数

区县	系数	区县	系数	区县	系数	区县	系数
安龙县	1.448	普定县	1.083	汇川区	1.600	乌当区	2.999
白云区	2.398	七星关区	1.613	惠水县	1.368	务川县	0.890
碧江区	1.105	黔西县	1.001	剑河县	1.360	西秀区	1.288
册亨县	0.797	清镇市	1.249	江口县	1.158	息烽县	1.301
岑巩县	0.874	晴隆县	0.887	金沙县	1.070	习水县	1.205
赤水市	2.035	仁怀市	1.385	锦屏县	1.001	兴仁县	1.306
从江县	0.943	榕江县	1.286	开阳县	2.034	兴义市	2.129
大方县	0.840	三都县	1.325	凯里市	1.673	修文县	1.803
丹寨县	1.338	三穗县	1.532	雷山县	1.295	沿河县	1.404
道真县	1.132	施秉县	0.835	黎平县	0.899	印江县	2.021
德江县	1.568	石阡县	1.531	荔波县	0.800	余庆县	1.561
都匀市	1.305	水城县	0.850	六枝特区	1.233	玉屏县	1.720
独山县	1.151	思南县	1.651	龙里县	1.156	云岩区	2.046
凤冈县	1.265	松桃县	1.607	罗甸县	0.756	长顺县	1.153
福泉市	1.416	绥阳县	1.465	麻江县	0.813	贞丰县	1.287
关岭县	1.017	台江县	1.209	湄潭县	1.458	镇宁县	0.751
观山湖区	1.127	天柱县	1.339	纳雍县	0.996	镇远县	1.262
贵定县	1.145	桐梓县	1.194	南明区	9.779	正安县	1.158
赫章县	1.107	万山区	3.980	盘县	1.613	织金县	1.069
红花岗区	2.180	望谟县	0.817	平坝区	1.206	钟山区	1.038
花溪区	1.923	威宁县	0.884	平塘县	0.977	紫云县	1.033
黄平县	1.209	瓮安县	1.552	普安县	1.174	播州区	1.466

第二产业、第三产业、第二三产业值与夜间灯光强度采用式(7.7)进行线性拟合,拟合优度分别为 0.7188,0.4996,0.6989,均通过显著性检验(如表 7.3 所示)。由于第三产业拟合情况较差,文中采用夜间灯光强度值直接对第二三产业总和进行空间化赋值处理(如表 7.4 所示)。

表 7.3　第二三产业与夜间灯光拟合情况

	拟合模型	R^2	F 值	Prob$>$F
第二产业	$y=1.2725x$	0.7188	225.9263	0
第三产业	$y=1.2375x$	0.4996	88.8582	0
第二三产业	$y=2.5095x$	0.6989	177.1488	0

表 7.4　各区县第二三产业空间化校正系数

区县	系数	区县	系数	区县	系数	区县	系数
安龙县	0.643	普定县	0.610	汇川区	1.543	乌当区	0.711
白云区	0.840	七星关区	1.462	惠水县	0.461	务川县	0.689
碧江区	0.619	黔西县	1.176	剑河县	2.868	西秀区	0.683
册亨县	1.203	清镇市	1.082	江口县	0.630	息烽县	1.184
岑巩县	1.279	晴隆县	1.574	金沙县	1.454	习水县	1.316

区县	系数	区县	系数	区县	系数	区县	系数
赤水市	3.502	仁怀市	2.329	锦屏县	1.890	兴仁县	0.642
从江县	1.247	榕江县	0.635	开阳县	1.117	兴义市	0.560
大方县	0.890	三都县	1.554	凯里市	0.846	修文县	1.024
丹寨县	0.369	三穗县	0.718	雷山县	0.650	沿河县	0.845
道真县	1.167	施秉县	0.811	黎平县	1.079	印江县	1.018
德江县	0.794	石阡县	0.874	荔波县	0.866	余庆县	0.595
都匀市	1.134	水城县	0.902	六枝特区	1.165	玉屏县	0.584
独山县	0.649	思南县	1.039	龙里县	0.502	云岩区	7.477
凤冈县	0.940	松桃县	1.007	罗甸县	1.109	长顺县	0.876
福泉市	1.097	绥阳县	0.912	麻江县	0.267	贞丰县	0.860
关岭县	0.749	台江县	0.305	湄潭县	0.672	镇宁县	0.510
观山湖区	0.720	天柱县	1.350	纳雍县	1.346	镇远县	0.715
贵定县	1.035	桐梓县	1.070	南明区	4.973	正安县	1.000
赫章县	1.374	万山区	2.720	盘县	1.187	织金县	1.108
红花岗区	1.427	望谟县	1.015	平坝区	0.573	钟山区	1.756
花溪区	0.827	威宁县	1.089	平塘县	1.598	紫云县	0.733
黄平县	0.778	瓮安县	0.791	普安县	1.349	播州区	0.991

　　根据建立的第一产业、第二三产业空间化分布模型并对其进行修正处理,控制误差限于区县级行政区域内部,进一步采用栅格数据的叠加分析得到贵州省 GDP 分布图(如图 7.11 所

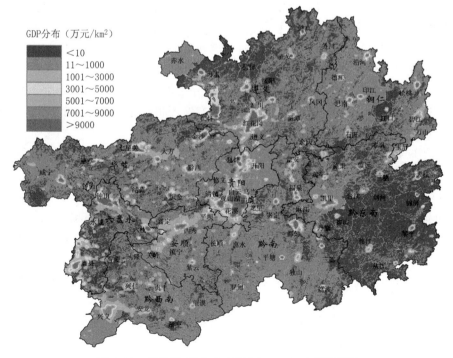

图 7.11　贵州省 GDP 分布图(1km×1km)(附彩图)

示)。空间分布情况与贵州特色的区域经济相吻合,形成以贵阳为经济政治中心的"中心—外围"的空间结构,经济次发达区主要分布于各地州市政府所在地和贵阳周边,经济欠发达县市有主要位于贵阳市和遵义市发达地区的外围,东南部以少数民族集聚为主,生态资源丰富,经济水平较低。

7.4 雷电灾害风险评价

7.4.1 雷电灾害风险

不同的学科背景或不同的研究角度常对"风险"有不同的理解。《韦氏大词典》对风险的定义是面临着伤害或损失的可能性,保险业则定义为危害或损失的可能性,环境问题定义风险为未来对人类社会造成不利影响的程度。虽然对于"风险"目的并没有统一的严格定义,但是其基本意义是相同或相近的,其中都包含类似的关键词:"损失"的"可能性(期望值)"。

目前,大多数有风险的事件指的是可能带来损失的危险事件,这些损失一般与某种自然现象和人类社会活动特征有关。人类还处于发展的低级阶段时就已经开始评估风险了,他们意识到自己对死亡和自然灾害产生的恐惧感。随着商品交换关系的出现,风险正逐渐成为一种经济范畴,并且在金融和保险方面的意义也越来越重要(风险评估的各种方法也逐渐完善)。人们开始管理风险,预测风险事件的发展状况,采取措施将风险级别降到最低。

在分析风险不同的定义的同时,应该注意的是,这些定义包含着许多其他的概念(其中主要的概念是危险和损失),而这些概念同时又包含着一些附加概念和伴随概念。因此,风险是一种最为集约和统一的概念,它实际上是对人类生命活动中所意识到的危险的评价。

风险不仅是研究安全问题的前提,它通常还被看成不良影响客观存在的可能性,这种不良影响可能作用于个人、社会、自然,可能带来某种损失、使现状恶化、阻碍它们的正常发展(速度、形式等的发展)。技术类风险是一种状态,其基础是技术体系、工业或者交通设施,这种状态由技术原因引发,在危急情况时会以一种对人类和环境产生巨大反作用力的形式出现,或是在正常使用这些设施的过程中,以对人类或环境造成直接或间接损失的形式出现。

总的来说,危急情况和事故所带来的后果可以分为以下三种损失:一为生命和健康的损失;二为经济损失,分为建筑或构架的损坏、由于生产停产和停运造成的间接损失;三为对自然环境和文化财富造成的损失和不良后果。

在研究严重事故或灾害给社会、经济和生态领域带来的后果时,应当适当地运用直接损失、间接损失和全部损失三个概念。

雷电灾害是指由于雷电放电过程中产生的强电流、高电压以及强电磁辐射等效应对人类和社会经济造成损失的事件,而雷电灾害风险指未来一段时间内由于雷电产生的效应造成损失的程度。诸多学者从自然灾害风险机制引入雷电灾害风险时,认为仅有灾害风险的危险性、暴露性或承灾体的脆弱性三个因素相互作用而形成(如图7.12所示):

① 致灾因子:诱发雷电灾害的因素,主要由雷电活动规模、活动频次等决定,具体有雷电流强度、闪电密度。

② 孕灾环境:形成雷电灾害的环境,主要由下垫面的性质、所处环境的气候因素等决定,包括土壤导电性能、地形海拔变化。

③ 承灾体:雷电影响的人类活动、社会财产等,直接作用于当地的人口、经济情况。

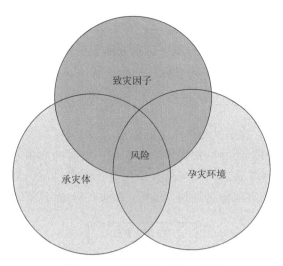

图 7.12　雷电灾害风险三要素

7.4.1.1　结构体系模型

(1)结构模型的建立

模拟雷电灾害风险形成过程,从致灾因子、孕灾环境、承灾体三个方面选取相应的评价指标,基于目标、准则、指标层建立雷电灾害风险评价结构模型如图 7.13 所示。其中地闪密度、地闪强度采用 2006—2017 年闪电定位监测资料密度分析、IDW 插值生成,强雷电流密度选取雷电流幅值大于 100 kA 的闪电进行密度分析生成。

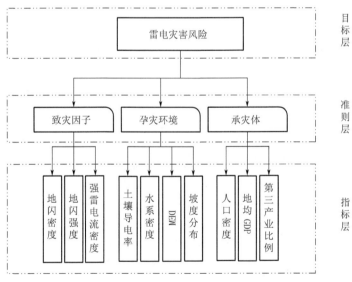

图 7.13　雷电灾害风险评价结构模型

(2)雷电灾害风险评价

以下根据建立的结构体系模型,指标层的相关风险评价指标作用于准则层的四大主要因子,进而形成雷电灾害风险。据此采用 GIS 栅格空间分析,自下而上建立雷电灾害风险指数模型如下所示:

$$R = a \times \sum_1^i (X_{Hi} \times H_i) + b \times \sum_1^j (X_{Ej} \times E_j) + c \times \sum_1^k (X_{Sk} \times S_k) \tag{7.9}$$

其中,R 为雷电灾害风险,H_i、E_j、S_k 分别评价致灾因子危险性、孕灾环境敏感性、承灾体易损性的第 i、j、k 个指标,X_{Hi}、X_{Ej}、X_{Sk} 为对应的指标权重,a、b、c 分别为 H、E、S 对应的指标权重,采用投影寻踪法确定。

7.4.1.2 技术流程

雷电灾害是指由于雷电放电过程中产生的强电流、高电压以及强电磁辐射等效应对人类和社会经济造成损失的事件,而雷电灾害风险指未来一段时间内由于雷电产生的效应造成损失的程度。借助 Arigis 10.2 强大的地理信息处理分析能力,以区、县级行政区域作为最小研究单位,建立贵州省雷电灾害风险区划技术流程(如图 7.14 所示)。

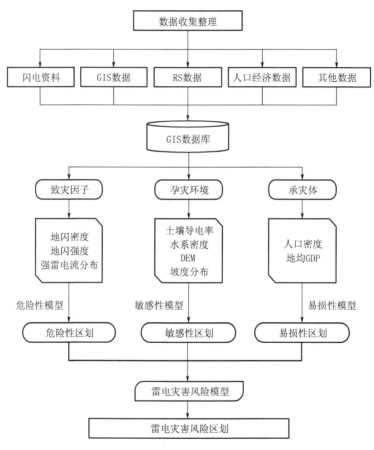

图 7.14 贵州省雷电灾害风险区划技术流程

7.4.1.3 指标权重及等级划分

(1)指标权重的确定

采用投影寻踪模糊聚类(Projection Pursuit Classification,简称 PPC)的客观方法,直接由样本数据驱动进行数据挖掘,通过遗传迭代,寻求最优投影方向,将多维数据投影到低维空间,最终各指标的最佳投影方向即为各自的权重。

投影寻踪(projection pursuit)由 Kruskal(1969)提出,旨在挖掘数据的聚类结构,解决化石分类问题,后 Friedman 等(1974)在其基础上加以改正,提出将散步程度和局部凝聚程度结合起来,正式提出投影寻踪聚类的概念。其原理作为直接由样本数据驱动进行数据挖掘分析,基于探索性和确定性分析的聚类与分类方法,将高(多)维数据通过投影到低维子空间,在一定程度解决多指标分类等非线性问题,减少人为的主观性操控,建模过程如下:

① 指标处理。消除量纲间的差异、统一变化范围。

② 线性投影。随机抽取若干个初始投影方向 $a(a_1,a_2,\cdots,a_m)$ 进行计算,根据指标选大的原则,确定最大指标对应的解为最优投影方向,投影特征值 Z_i 的表达为

$$Z_i = \sum_{j=1}^{m} a_j x_{ij} \tag{7.10}$$

③ 优化投影目标函数。投影值 Z_i 的分布特征应满足:整体上投影点团之间尽可能散开;局部投影点尽可能凝聚成单个的点团。故将目标函数 $T(a)$ 定义为类间距离 $L(a)$ 与类内密度 $d(a)$ 的乘积,即 $T(a) = L(a) \cdot d(a)$:

$$L(a) = \left[\sum_{j=1}^{n} \frac{(Z_j - \overline{Z_a})^2}{n} \right]^{\frac{1}{2}} \tag{7.11}$$

其中,$\overline{Z_a}$ 为序列 $\langle Z(i) | i = 1, 2, \cdots, n \rangle$ 的均值,值越大分布越开。设投影特征值间的距离 $r_{ij} = |Z_i - Z_j| (i, j = 1, 2, \cdots, n)$,则

$$d(a) = \sum_{i=1}^{n} \sum_{k=1}^{n} (R - r_{ik}) f(R - r_{ik}) \tag{7.12}$$

$f(t)$ 为一阶单位阶跃函数,$t \geqslant 0$ 时,其值为 1;$t < 0$ 时,其值为 0。

$$f(R - r_{ik}) = \begin{cases} 1 & R \geqslant r_{ik} \\ 0 & R < r_{ik} \end{cases} \tag{7.13}$$

R 为窗宽参数,其选定原则为宽度内至少包括一个散点。合理取值范围为 $r_{max} < R \leqslant 2m$,其中 $r_{max} = \max(r_{ik})(i, k = 1, 2, \cdots, n)$。类内密度 $d(a)$ 愈大,分类愈显著。

当 $T(a)$ 取得最大值时,对应的投影方向即为寻找的最优投影方向。因而寻找最优投影方向的问题可转化为下列优化问题:

$$\begin{cases} \max T(a) = L(a) \cdot d(a) \\ \| a \| = \sum_{j=1}^{m} a_j^2 = 1 \end{cases} \tag{7.14}$$

④ 将最优投影方向代入对应的指标权重。

(2)风险等级划分

雷电灾害风险评价等级的确定采用自然断点分级法,亦称 Jenks 优化方法。其原理是采用数据聚类方法,减少类的方差,最大限度地提高类之间的差异。计算采取重复迭代过程,通过重复计算不同的数据集,以确定最小的类方差,直到偏差的总和达到最小值为止。其公式为:

$$SSD_{i-j} = \sum_{k=i}^{j} (A[k] - mean_{i-j})^2 \qquad (1 \leqslant i < j \leqslant N) \tag{7.15}$$

其中,$mean_{i-j} = \dfrac{\left(\sum\limits_{k=i}^{j} A[k] \right)^2}{j - i + 1} (1 \leqslant i < j \leqslant N)$,$SSD$ 是方差,A 是一个数组(数组长度为 N),$mean_{i-j}$ 是每个等级中的平均值。

7.4.2 致灾因子危险性分析

致灾因子作为一种对生命或者财产的潜在危险,有别于灾害。致灾因子作为对生命、财产或人类的种种活动产生不利影响,并达到造成灾害程度的罕见或极端的事件,其存在和产生在很大程度直接受控于自然作用。

一些国际机构和学者从不同的角度给出了致灾因子的概念,但其含义基本相同。在各种定义中,联合国国际减灾战略(UNISDR)的定义为,"可能带来人员伤亡、财产损失、社会和经济破坏或者环境退化的,具有潜在破坏性的物理事件、现象或人类活动"。2009 年,国际减灾战略对该定义进行修订,修订后的定义如下:"可能造成人员伤亡或影响健康、财产损失、生计和服务设施丧失、社会和经济混乱或环境破坏的危险的现象、物质、人类活动或局面"。修订后的定义内涵更加广泛。

在雷电灾害中,决定致灾因子的因素主要包括时间、强度、频率、密度等,通过分析雷电参数特征及雷击事故发生机制,结合贵州省雷电监测网记录的雷电流参数属性,以下地闪密度、地闪强度以及强电流密度作为分析致灾因子危险性的指标。

7.4.2.1 危险性指标选取

(1)闪电密度

闪电密度是单位面积内闪电定位仪监测到的年平均历史闪电次数,这一指标能够较好地反映研究区域雷电活动频繁程度;地闪密度越大,该区域遭受雷电灾害可能性也越大。全省地闪密度分布如图 7.15 所示,闪电活动频繁程度呈现西高东低,高值区出现在毕节北部、六枝及六枝周边水城、盘县、普安、晴隆、镇宁、普安等的大部分区域,年平均闪电密度高达 7.15 次·km^{-2};低值区分布在黔东南的中东部的台江、剑河、黎平等地和黔南的中南部独山、平塘等地,密度小于 1.86 次·km^{-2}。

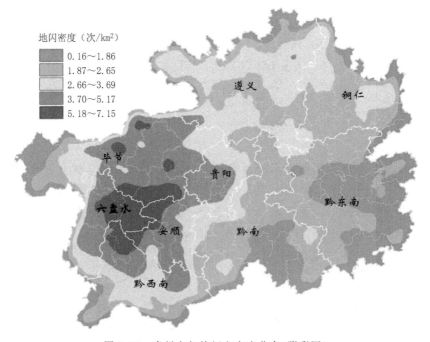

地闪密度(次/km²)
- 0.16~1.86
- 1.87~2.65
- 2.66~3.69
- 3.70~5.17
- 5.18~7.15

图 7.15 贵州省年均闪电密度分布(附彩图)

（2）闪电强度

贵州省正、负闪及总闪的平均雷电流幅值分别为 53.50 kA、34.53 kA、35.24kA,其幅值累积概率达到 80% 的分别为 73.1 kA、45.3 kA、46.2 kA。根据贵州省闪电定位系统监测数据,提取每个闪击点的闪电强度,采用反距离插值,生成地闪强度分布如图 7.16 所示,由于雷电活动强度很大程度上与区域性的地理条件、地质土壤、气象环境等因素有着密切的关系,其分布存在区域差异性。高值点主要分布在西部威宁,中部息烽、开阳、修文、惠水、贵定、龙里、麻江、瓮安、福泉以及东部的锦屏、万山、碧江等地的大部分区域,强度高达 200 kA。

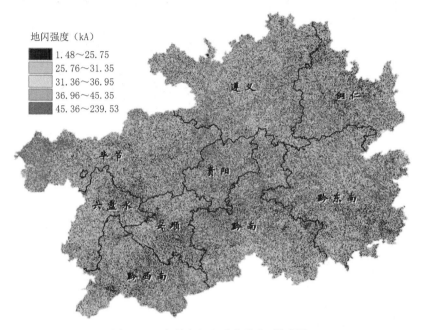

图 7.16　贵州省闪电强度分布(附彩图)

（3）强电流密度

建筑物防雷设计规范(GB 50057—2010)中根据建筑物的重要性、使用性质、发生雷电事故的可能性和后果,由高到低分为第一、二、三类防雷建筑物,并明确第三类防雷建筑物的雷电流幅值为 100 kA。雷电流的强弱直接影响危害的大小,但仅以强度分布并不能较为全面地反映危险性的区域性分布。选取大于 100 kA 的雷电流分布情况,作为分析致灾因子的危险性指标,其密度分布如图 7.17 所示。

高值区分布在贵州省中部的白云、修文、黔西、息烽一带及惠水、龙里、花溪交界区域,低值区分布在东北至东南一带的务川、沿河、施秉、台江、剑河、榕江、黎平、从江等区县。

7.4.2.2　危险性区划

致灾因子危险性分析指标包括地闪密度、地闪强度及强电流密度,以下对三个评价指标在 Arcgis 里面按照区域进行统计,分别提取各区县评价指标的均值如表 7.5 所示。

采用遗传加速算法的投影寻踪,得出最佳投影方向各分量值为 $\overrightarrow{X_H}=(0.5896,0.0082,0.4022)$。最佳投影方向的各分量值大小反映该指标对的贡献程度,即为权重系数。其中地闪密度和强电流密度对雷电灾害风险的影响较大,直接体现为致灾因子、承灾体两者间的相互作用,与雷电灾害风险发生机理吻合一致。

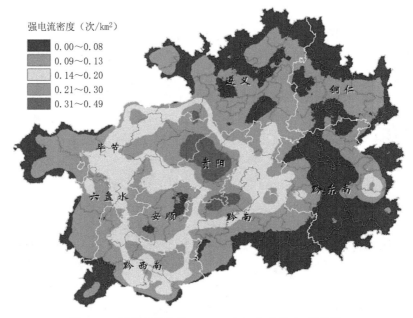

强电流密度（次/km²）
- 0.00～0.08
- 0.09～0.13
- 0.14～0.20
- 0.21～0.30
- 0.31～0.49

图 7.17　贵州省强电流($I>100$ kA)密度分布(附彩图)

表 7.5　各区县致灾因子指标属性值分布表

区县	地闪密度（次/km²）	地闪强度（kA）	强电流密度（次/km²）	区县	地闪密度（次/km²）	地闪强度（kA）	强电流密度（次/km²）
安龙县	3.083	33.818	0.140	普定县	6.089	31.507	0.128
白云区	4.508	43.911	0.416	七星关区	4.274	36.738	0.163
碧江区	1.968	39.534	0.083	黔西县	4.392	37.100	0.284
册亨县	2.350	39.655	0.124	清镇市	4.392	37.171	0.223
岑巩县	2.179	36.914	0.088	晴隆县	5.648	33.107	0.137
赤水市	2.677	39.245	0.090	仁怀市	2.881	40.008	0.142
从江县	1.454	35.026	0.056	榕江县	2.073	32.964	0.077
大方县	4.323	35.944	0.208	三都县	2.357	33.403	0.088
丹寨县	2.359	34.018	0.119	三穗县	1.715	40.298	0.095
道真县	1.807	39.111	0.072	施秉县	2.083	38.259	0.075
德江县	2.878	34.151	0.088	石阡县	2.259	40.102	0.096
都匀市	1.946	41.497	0.161	水城县	4.929	33.579	0.132
独山县	1.539	37.914	0.070	思南县	2.258	38.686	0.092
凤冈县	2.706	37.200	0.104	松桃县	2.325	33.858	0.077
福泉市	2.281	40.858	0.139	绥阳县	2.681	37.608	0.090
关岭县	4.738	32.390	0.111	台江县	1.494	38.649	0.063
观山湖区	4.684	37.603	0.336	天柱县	1.546	36.262	0.071
贵定县	2.261	42.962	0.202	桐梓县	2.438	38.292	0.079
赫章县	3.055	38.858	0.117	万山区	1.334	37.547	0.062
红花岗区	3.144	38.684	0.104	望谟县	3.283	37.481	0.175
花溪区	3.421	37.928	0.258	威宁县	1.927	43.254	0.087

区县	地闪密度 （次/km²）	地闪强度 （kA）	强电流密度 （次/km²）	区县	地闪密度 （次/km²）	地闪强度 （kA）	强电流密度 （次/km²）
黄平县	2.119	40.096	0.097	瓮安县	2.428	42.305	0.134
江口县	2.687	35.069	0.101	息烽县	3.088	45.089	0.284
金沙县	3.604	40.368	0.227	习水县	2.615	37.215	0.083
锦屏县	1.553	41.204	0.129	兴仁县	3.960	34.068	0.153
开阳县	2.602	42.012	0.167	兴义市	1.999	36.421	0.072
凯里市	1.902	41.592	0.116	修文县	3.909	43.643	0.406
雷山县	2.048	36.139	0.107	沿河县	2.195	32.951	0.061
黎平县	1.601	34.083	0.081	印江县	2.389	34.206	0.090
荔波县	1.772	33.331	0.042	余庆县	2.765	39.743	0.121
六枝特区	6.385	30.384	0.130	玉屏县	1.595	37.411	0.079
龙里县	2.707	42.955	0.233	云岩区	4.226	35.336	0.328
罗甸县	2.111	38.873	0.098	长顺县	2.742	37.410	0.168
麻江县	2.261	40.893	0.169	贞丰县	3.478	34.547	0.194
湄潭县	2.779	36.916	0.094	镇宁县	4.629	30.366	0.121
纳雍县	4.535	35.192	0.172	镇远县	2.106	39.314	0.085
南明区	3.909	37.250	0.274	正安县	2.721	37.349	0.093
盘县	3.426	37.536	0.097	织金县	5.581	33.778	0.152
平坝县	3.894	35.032	0.120	钟山区	4.017	34.839	0.133
平塘县	1.836	39.155	0.099	紫云县	3.309	32.746	0.142
普安县	4.394	34.131	0.110	播州区	2.770	40.517	0.121

通过投影寻踪,获取地闪密度、地闪强度和强电流分布的最佳投影方向,即为三个指标因子的权重,按如下公式进行栅格单元的危险性计算：

$$H = 0.5896H_1 + 0.0082H_2 + 0.4022H_3 \tag{7.16}$$

其中,H 表征致灾因子危险性,H_1 是地闪密度,H_2 是地闪强度,H_3 强电流分布密度。

根据计算的致灾因子危险性栅格属性值分布情况,利用 Arcgis 中自然断点分级法将致灾因子危险性指数划分为高、次高、中、次低、低危险区(如表 7.6 所示),绘制致灾因子危险性区划图(如图 7.18 所示)。

表 7.6 自然间距断点法划分致灾因子危险性等级

序号	范围	风险等级
1	0.0083～0.2776	低危险区
2	0.2778～0.3982	次低危险区
3	0.3983～0.5549	中危险区
4	0.5550～0.7478	次高危险区
5	0.7479～1.0000	高危险区

从贵州省雷电灾害致灾因子危险性区划图中可以看出,危险性整体西部高于东部,高危险区主要分布在贵阳白云、观山湖、修文、清镇、息烽,六盘水的水城、六枝,毕节的七星关、黔西、

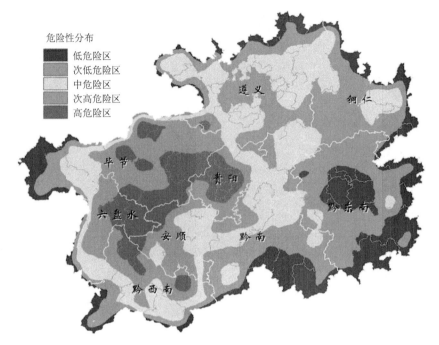

危险性分布
- 低危险区
- 次低危险区
- 中危险区
- 次高危险区
- 高危险区

图 7.18　贵州省雷电灾害致灾因子危险性区划图(附彩图)

织金,黔西南的晴隆、望谟以及安顺的普定等区域;低风险区分布在黔南的平塘、独山、荔波,黔东南的从江、黎平、台江、剑河等地。

7.4.3　孕灾环境敏感性分析

孕灾环境作为孕育灾害发生的自然环境,通常是指致灾因子和承灾体所处的气候条件、地理地质情况、海拔高度、水系河流分布、植被覆盖等。其敏感性程度是表征某个区域孕灾环境的定量性指标,对雷电灾害系统的强度、灾情范围起决定性的作用。雷暴作为引发雷电灾害最直接的触发因子,但由于下垫面所处地孕灾环境不尽相同,触发闪电发生的范围、强度也存在差异。比如,土壤电阻率较小的区域更有利于雷暴云中带电粒子的积累,导致空气击穿触发先导放电;在一定范围内,海拔高的区域更靠近雷暴云,并形成大气电场畸变,引发闪电的发生。据此,确定孕灾环境主要影响因子包括土壤电导率、水系密度、地形高程(DEM)和坡度分布。

7.4.3.1　敏感性指标

(1)土壤电导率

雷暴云过境时,下垫面岩土导电性能的强弱是影响云中电荷的分布的因素之一。电导率大的区域,云中电荷更有利于积聚,随着电荷量的不断增大,当电场强度达到环境空气的击穿阈值,并发生自上而下或自下而上的放电。土壤电导率资料来源于土壤数据库(HWSD),其分辨率可达 1km。贵州省土壤电导率分布如图 7.19 所示。

(2)水系密度

水系密度反映区域内河流、湖泊等水体的分布情况。河流、湖泊等水体为局地的强对流天气提供水汽来源的同时,水陆相间的地带由于其导电特性的骤变,一定程度上为雷电的发生提供了有利条件。采用 GIS 进行计算 0.1°×0.1°网格内的河流密度,得到贵州省水系密度栅格图(如图 7.20 所示)。

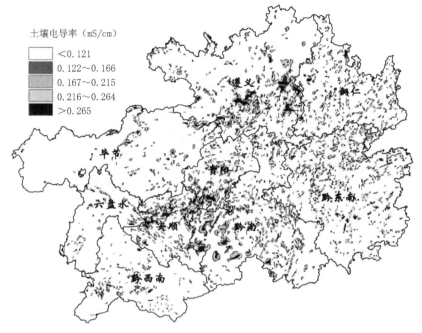

图 7.19 贵州省土壤电导率分布(附彩图)

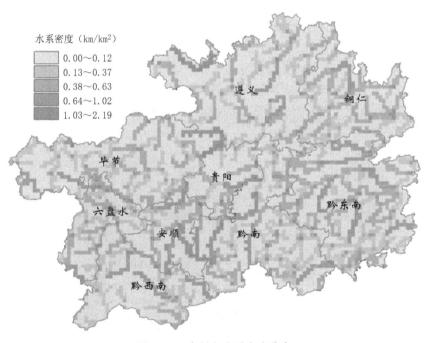

图 7.20 贵州省水系密度分布

（3）DEM

贵州省境内山脉众多、北部大娄山,自西向东北斜贯,海拔达 1444 m;中南部苗岭横亘,雷公山高 2178 m;东北部武陵山脉,由湘蜿蜒入黔,梵净山 2572 m;西部乌蒙山脉,位于赫章县珠市乡的韭菜坪海拔达 2900.6 m,为贵州境内最高点;黔东南州的黎平县地坪乡水口河出省界处,海拔高程 147.8 m,为境内最低点(如图 7.21 所示)。

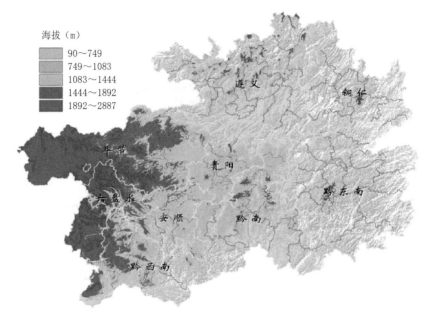

图 7.21　贵州省海拔高度分布(附彩图)

（4）坡度分布

地形抬升在一定程度上对雷暴生成起重要作用,朝阳面受太阳照射形成山坡风,在大气为条件静力不稳定且低层可提供足够水汽的条件下,常常在上坡或山脊触发雷暴的产生。据此,以坡度表征地形变化情况,采用 EROS 数据中心的 GTOP30 数据生成坡度分布图。

全省属喀斯特地貌发育,境内山脉众多且起伏多变,平均坡度达 21.5°,坡度大于 25°的土地占 35%以上,下界面复杂多变,水汽抬升形成局地性差异,天气气候复杂多变,频繁出现强雷暴单体和雷暴群,造就雷电天气频繁多变的特点(如图 7.22 所示)。

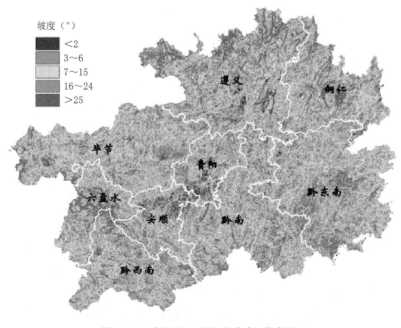

图 7.22　贵州省地形坡度分布(附彩图)

7.4.3.2 敏感性区划

孕灾环境敏感性分析指标包括土壤导电率、水系密度、DEM 及坡度分布,以下对 4 个评价指标在 Arcgis 里面按照区域进行统计,分别提取各区县评价指标的均值如表 7.7 所示。

表 7.7 各区县孕灾环境敏感性指标属性值分布表

区县	土壤电导率 (mS/cm)	水系密度 (km/km²)	DEM (m)	坡度分布 (°)	区县	土壤电导率 (mS/cm)	水系密度 (km/km²)	DEM (m)	坡度分布 (°)
安龙县	0.1191	0.0511	1299	8.6	普定县	0.1411	0.2710	1356	8.6
白云区	0.1226	0.1937	1318	4.9	七星关区	0.1213	0.1801	1525	11.4
碧江区	0.1224	0.2726	514	9.8	黔西县	0.1127	0.1616	1285	7.5
册亨县	0.1099	0.2194	864	14.3	清镇市	0.1340	0.2002	1270	6.8
岑巩县	0.1399	0.3013	669	8.9	晴隆县	0.1018	0.1917	1242	18.1
从江县	0.1109	0.2796	676	16.5	榕江县	0.1137	0.2209	702	14.8
大方县	0.1050	0.1537	1554	9.5	三都县	0.1215	0.1704	741	12.9
丹寨县	0.1167	0.1707	879	13.3	三穗县	0.1402	0.2469	743	9.3
道真县	0.1063	0.1933	1023	18.4	施秉县	0.1281	0.2326	872	9.1
德江县	0.1212	0.2011	834	12.3	石阡县	0.1209	0.1806	851	12.6
都匀市	0.1385	0.1955	1043	10.9	水城县	0.1094	0.2338	1738	17.3
独山县	0.1322	0.1743	984	7.2	思南县	0.1244	0.1926	706	11.9
凤冈县	0.1818	0.0792	866	9.6	松桃县	0.1253	0.2150	711	10.8
福泉市	0.1126	0.2189	1101	8.1	绥阳县	0.1268	0.1368	1069	13.7
关岭县	0.1361	0.1541	1140	14.6	台江县	0.1277	0.2986	884	13.0
观山湖区	0.1361	0.0716	1263	3.7	天柱县	0.1335	0.2431	546	9.2
贵定县	0.1258	0.3060	1198	10.7	桐梓县	0.1111	0.1650	1091	17.3
赫章县	0.1015	0.1730	2002	12.4	万山区	0.1230	0.1627	623	10.3
红花岗区	0.1608	0.1853	951	7.0	望谟县	0.1026	0.2073	873	15.3
花溪区	0.1775	0.2371	1204	4.9	威宁县	0.1014	0.1798	2178	12.2
黄平县	0.1330	0.2515	894	9.4	瓮安县	0.1297	0.1632	1051	8.3
汇川区	0.1781	0.2280	1049	10.1	乌当区	0.1356	0.2755	1220	7.2
惠水县	0.1464	0.2238	1143	7.1	务川县	0.1093	0.1304	973	14.5
剑河县	0.1205	0.2637	824	16.3	西秀区	0.1680	0.2259	1329	4.4
江口县	0.1247	0.2517	773	15.4	息烽县	0.1158	0.2135	1092	9.7
金沙县	0.1192	0.2842	1098	10.0	习水县	0.1104	0.2501	1057	15.5
锦屏县	0.1142	0.3070	618	12.3	兴仁县	0.1099	0.1863	1416	8.3
开阳县	0.1217	0.1874	1070	9.4	兴义市	0.1162	0.1210	1339	10.4
凯里市	0.1308	0.2683	856	9.7	修文县	0.1376	0.1139	1261	7.2
雷山县	0.1290	0.1890	1163	17.2	沿河县	0.1269	0.2403	752	15.5

续表

区县	土壤电导率 （mS/cm）	水系密度 （km/km²）	DEM （m）	坡度分布 （°）	区县	土壤电导率 （mS/cm）	水系密度 （km/km²）	DEM （m）	坡度分布 （°）
黎平县	0.1170	0.2236	698	11.9	印江县	0.1266	0.2740	902	16.1
荔波县	0.1153	0.2980	768	8.5	余庆县	0.1250	0.1558	856	10.5
六枝特区	0.1255	0.1740	1430	12.5	玉屏县	0.1420	0.2421	503	5.0
龙里县	0.1231	0.1777	1300	8.6	云岩区	0.1237	0.4078	1162	7.3
罗甸县	0.1206	0.2549	749	14.1	长顺县	0.1674	0.2088	1230	6.2
麻江县	0.1203	0.2701	954	8.8	贞丰县	0.1098	0.2585	969	11.4
湄潭县	0.1376	0.2690	953	9.2	镇宁县	0.1333	0.3397	1039	10.5
纳雍县	0.1060	0.1996	1695	13.9	镇远县	0.1353	0.3158	781	9.7
南明区	0.1795	0.3025	1119	4.5	正安县	0.1174	0.1674	1011	15.1
盘县	0.1081	0.2107	1807	12.5	织金县	0.1108	0.2061	1509	10.2
平坝县	0.1605	0.2657	1303	5.1	钟山区	0.1125	0.3145	1926	10.6
平塘县	0.1272	0.2476	987	9.3	紫云县	0.1241	0.2064	1150	10.1
普安县	0.1044	0.1690	1543	13.2	播州区	0.3708	0.1430	951	8.8

采用遗传加速算法的投影寻踪，最佳投影方向$\vec{X_E}=(0.2349,0.1391,0.3274,0.2986)$。将四个指标因子的权重代入以下式(7.17)，进行栅格单元的敏感性计算：

$$E = 0.2349E_1 + 0.1391E_2 + 0.3274E_3 + 0.2986E_4 \tag{7.17}$$

其中，E表征孕灾环境敏感性，E_1是土壤导电率，E_2是水系密度，E_3为DEM，E_4为坡度分布。

根据计算的孕灾环境敏感性栅格属性值分布情况，利用Arcgis中自然断点分级法将致灾环境敏感性划分为高、次高、中、次低、低敏感区（如表7.8所示），绘制孕灾环境敏感性区划图。

表7.8 自然间距断点法划分孕灾环境敏感性等级

序号	范围	等级
1	＜0.1084	低敏感区
2	0.1085～0.1948	次低敏感区
3	0.1949～0.3020	中敏感区
4	0.3021～0.4414	次高敏感区
5	0.4415～0.9835	高敏感区

从土壤电导率、水系密度、地形高程（DEM）和坡度分布四个方面构建敏感性指标，对贵州雷电灾害孕灾环境进行区划分析，结果如图7.23所示。孕灾环境敏感性中部整体呈现偏弱，低于周边。高及次高敏感区主要分布在西部的威宁—水城—六枝—晴隆—关岭—望谟—罗甸—册亨、东南部的天柱—锦屏—剑河—雷山—三都—从江—榕江—黎平以及北部的赤水—习水—桐梓—正安—道真—务川—沿河—印江—江口一带。

图 7.23　贵州省雷电灾害孕灾环境敏感性区划图(附彩图)

7.4.4　承灾体易损性分析

致灾因子作为引发灾害的必要条件,但风险的存在必须使得致灾因子作用于承灾体,即人类及其社会经济活动。承灾体是作为直接受到雷电灾害影响的人类社会主体,涵盖人类自身安全以及社会发展的各个方面以及人类所积累起来的各类财富等。承灾体的易损性可表征承灾体收到雷电等自然灾害威胁时可能承受的抗损失或伤害的程度。

根据贵州省社会经济统计年鉴数据,采用县级行政区域作为单元统计,包括区域面积、居民人口、GDP 总量以及第三产业情况等。选取人口密度、地均 GDP 以及第三产业比例进行易损性分析。

7.4.4.1　易损性指标

(1)人口密度

人口密度作为表征人口密集程度的指标,指每平方千米常住人口的数量。根据贵州省统计年鉴,贵州省人口最多的是毕节,最少的是安顺。人口密度分布整体呈现中部、北部、西部高于东南—南部一线,其中南部的册亨、望谟、罗甸、平塘、独山、荔波以及黔东南的榕江、从江、黎平、剑河、台江、镇远等地人烟相对稀少,平均人口密度不足 120 人/km²。贵阳市南明、云岩两城区由于地域面积有限,人口密度高达 6000 人/km²;六盘水钟山区次之,人口密度约为 1500 人/km²(如图 7.24 所示)。

(2)地均 GDP

地均 GDP 为单位面积内的 GDP,能够反映区域经济分布,表征某一区域的易损性特性。从地均空间分布(如图 7.25 所示),全省经济分布集中在黔中经济区以及周边能源、以煤化工为主导优势原材料的区域。经济区域代表着财产的高度集中,随之雷击易损性就越高,雷电灾害造成的经济损失也越大。

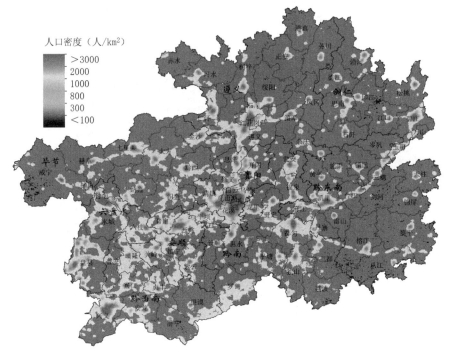

图 7.24　贵州省各区县人口密度分布(附彩图)

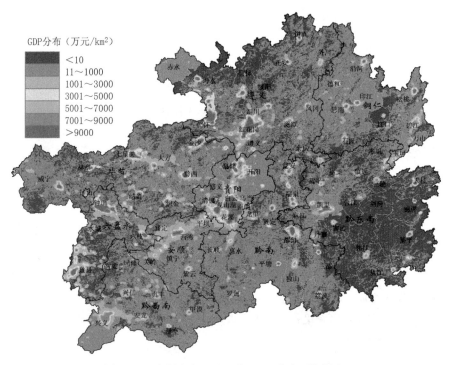

图 7.25　贵州省各区县地均 GDP 分布(附彩图)

7.4.4.2　易损性区划

承灾体易损性分析指标包括人口密度、地均 GDP、第三产业比例,以下对三个评价指标在 Arcgis 里面按照区域进行统计,分别提取各区县评价指标的均值如表 7.9 所示。

表 7.9　各区县承灾体易损性指标属性值分布表

区县	人口密度（人/km²）	地均 GDP（万元/km²）	区县	人口密度（人/km²）	地均 GDP（万元/km²）
安龙县	161.15	327.55	普定县	351.92	659.05
白云区	990.03	5456.90	七星关区	334.13	762.16
碧江区	204.42	732.36	黔西县	271.20	623.35
册亨县	73.90	111.81	清镇市	312.32	1461.59
岑巩县	107.63	214.46	晴隆县	187.47	336.00
赤水市	130.59	387.33	仁怀市	308.95	2483.64
从江县	90.73	128.40	榕江县	86.15	124.75
大方县	222.58	453.32	三都县	112.82	184.54
丹寨县	129.56	226.07	三穗县	150.08	298.32
道真县	113.79	184.85	施秉县	84.83	177.51
德江县	178.96	354.05	石阡县	140.04	219.09
都匀市	198.74	672.60	水城县	207.87	508.68
独山县	109.73	224.15	思南县	225.02	397.33
凤冈县	164.97	265.40	松桃县	171.76	312.18
福泉市	172.08	660.27	绥阳县	149.13	289.81
关岭县	206.84	415.99	台江县	90.90	181.80
观山湖区	1059.51	5905.22	天柱县	119.87	272.06
贵定县	147.22	384.19	桐梓县	164.92	341.73
赫章县	202.27	281.84	万山区	338.40	917.04
红花岗区	1098.79	4856.33	望谟县	81.61	120.64
花溪区	617.96	3536.84	威宁县	202.35	242.58
黄平县	157.35	224.36	瓮安县	197.00	440.73
汇川区	623.27	2976.21	乌当区	309.93	1633.92
惠水县	142.78	256.35	务川县	115.08	154.84
剑河县	88.80	153.31	西秀区	448.13	1173.59
江口县	92.04	177.18	息烽县	212.48	1240.25
金沙县	220.44	743.24	习水县	169.62	368.55
锦屏县	95.62	188.99	兴仁县	234.23	515.39
开阳县	180.95	799.38	兴义市	271.73	974.55
凯里市	408.51	1428.08	修文县	245.33	1122.01
雷山县	96.70	173.69	沿河县	182.80	294.73
黎平县	87.82	129.39	印江县	144.43	298.95
荔波县	52.65	171.88	余庆县	145.21	337.62
六枝特区	278.32	712.96	玉屏县	231.46	1070.25

区县	人口密度 （人/km²）	地均GDP （万元/km²）	区县	人口密度 （人/km²）	地均GDP （万元/km²）
龙里县	105.64	425.00	云岩区	16102.20	99964.78
罗甸县	85.24	168.88	长顺县	119.91	266.42
麻江县	100.35	183.60	贞丰县	201.82	505.82
湄潭县	202.35	354.95	镇宁县	166.03	373.80
纳雍县	274.28	605.89	镇远县	107.80	287.34
南明区	10665.29	64737.69	正安县	148.05	230.66
盘县	258.53	1056.36	织金县	273.19	474.22
平坝县	301.89	883.98	钟山区	1202.23	6876.82
平塘县	85.23	151.37	紫云县	120.71	199.87
普安县	179.04	352.84	播州区	230.94	673.81

采用遗传加速算法的投影寻踪得出最佳投影方向各分量值为 $\overrightarrow{X_s}=(0.4749,0.5126,$ $0.0125)$。其中地闪密度和强电流密度对雷电灾害风险的影响较大，直接体现为致灾因子、承灾体两者间的相互作用，与雷电灾害风险发生机理吻合一致。将人口密度、地均GDP、第三产业比例作为评价承灾体易损性程度的属性值，按如下公式进行栅格单元的易损性计算：

$$S=0.4749S_1+0.5126S_2 \tag{8.18}$$

其中，S 表征承灾体易损性，S_1 是人口密度，S_2 是地均GDP，S_3 为第三产业比例。

根据计算的承灾体易损性栅格属性值分布情况，利用 Arcgis 中自然断点分级法划分为高、次高、中、次低、低易损区（如表7.10所示），绘制承灾体易损性区划图。

表7.10 自然间距断点法划分承灾体易损性等级

序号	范围	等级
1	<0.1861	低易损区
2	0.1862~0.2648	次低易损区
3	0.2649~0.4032	中易损区
4	0.4033~0.7896	次高易损区
5	0.7897~0.9932	高易损区

从人口密度、地均GDP、第三产业比例三个方面构建指标，对贵州雷电灾害承灾体进行区划分析，结果如图7.26所示。高易损性区域为贵阳的云岩、南明区及六盘水的钟山区，次高易损区主要分布在各市州的主城区及其周边区域，而低易损区主要分布在遵义的北部、黔东南的东南部以及黔南的南部区域，与人口和社会经济分布有很大的关系。

7.4.5 综合风险分析

7.4.5.1 指标权重

建立以栅格化处理的风险评价因子（包括致灾因子、孕灾环境、承灾体）及其对应的指标为基础的风险评价集合，利用GIS技术获取各县区评价指标（风险因子）的均值，代入基于遗传

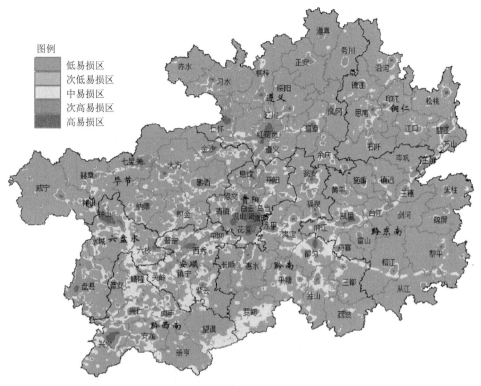

图7.26 贵州省雷电灾害承灾体易损性区划图(附彩图)

算法的投影寻踪模型,逐一计算其最优投影方向向量,得到评价指标体系的权重如表 7.11 所示。构成雷电灾害风险中的致灾因子、承灾体指标权重较大,分别为 0.4286、0.3950,体现为灾害的发生是致灾因子、承灾体两者间的相互作用的结果。

表 7.11 雷电灾害风险评价指标权重分布

目标层	准则层		指标层	
	风险因子	权重	指标	权重
雷电灾害风险	致灾因子	0.4286	地闪密度(次/(km² · a))	0.5896
			地闪强度(kA)	0.0083
			强电流密度(次/(km² · a))	0.4021
	孕灾环境	0.1764	土壤导电率(μs/cm)	0.2349
			水系密度	0.1391
			DEM	0.3274
			坡度分布(°)	0.2986
	承灾体	0.3950	人口密度(人/km²)	0.4749
			地均 GDP(万元/km²)	0.5251

7.4.5.2 风险区划

通过分析影响贵州省雷电灾害风险指标因子,建立基于结构要素的评价指标体系。利用 GIS 进行栅格计算,采用自然间距断点法对雷电灾害风险划分为高、次高、中、次低及低风险区(如表 7.12 所示)。

表 7.12　自然间距断点法划分风险等级

序号	范围	风险等级
1	＜0.1997	低风险区
2	0.1998～0.3135	次低风险区
3	0.3136～0.4912	中风险区
4	0.4913～0.7778	次高风险区
5	0.7779～1.2493	高风险区

雷电灾害高风险区域分布在六盘水、毕节东南部、黔西南东北部、遵义西北部等雷电活动高发区,以及各市州经济政治中心(如图7.27所示)。

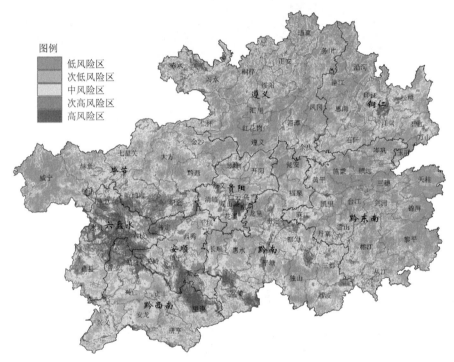

图 7.27　贵州省雷电灾害风险区划图(附彩图)

7.5　本章小结

(1)实现贵州省人口-GDP 数据空间化

传统人口经济数据通常是以各级行政单元进行统计,存在空间单元尺度大,分辨率低等缺陷,难以满足风险决策的需求。前期通过查阅文献,整理资料,综合目前比较常见有土地利用/覆盖数据对社会经济数据重分配,高程带、坡度带、坡向带、公路、铁路、水系、土地覆被、居民点等多源数据与社会经济融合以及 DMSP/OLS 夜间灯光遥感数据反演三种空间化方法,结合贵州省山地自然环境特征,反演贵州省人口、GDP 空间分布情况。

基于 DMSP/OLS 夜间灯光、NDVI 植被指数、土地覆盖等遥感数据及 DEM 数据反演人口、GDP 空间分布,不论在总体趋势还是在局部特征上都与实际情况具有较高程度的吻合,可以为承灾体脆弱性评估提供精细化、可靠的数据源。

（2）完成贵州省雷电灾害风险精细化评价研究

通过建立人口、GDP数据空间化模型，精细化反映区域内承灾体脆弱性情况，开展雷电灾害风险评价研究，不仅可以为防雷减灾科学决策提供依据，而且可以其他灾害开展精细化风险评价提供参考。

从致灾因子、孕灾环境、承灾体三个方面选取相应的评价指标，基于目标、准则、指标层建立雷电灾害风险评价结构模型，构成雷电灾害风险中的致灾因子、承灾体指标权重较大，分别为 0.4286、0.3950，体现为灾害的发生是致灾因子、承灾体两者间的相互作用的结果。

参考文献

陈家宏,张勤,冯万兴,等,2008.中国电网雷电定位系统与雷电监测网[J].高电压技术,34(3):425-431.

陈渭民,2006.雷电学原理[M].第二版.北京:气象出版社.

储昌超,2014.基于信息扩散理论的区域森林火灾风险预测研究[D].长沙:中南林业科技大学.

崔纪锋,2005.统计专题地图的设计与实现[D].郑州:中国人民解放军信息工程大学.

杜澍春,1996.关于输电线路防雷计算中若干参数及方法的修改建议[J].电网技术(12):53-56.

杜晓燕,黄岁樑,2011.天津地区旱涝灾害危险性评价及区划研究[J].防灾科技学院学报,13(1):75-81.

冯利华,2002.基于信息扩散理论的洪水风险分析[J].信息与控制,31(2):164-170

冯利华,程归燕,2000.基于信息扩散理论的地震风险评估[J].地震学刊,20(1):19-22.

冯志伟,肖稳安,马金福,等,2012.基于地闪数据的雷电流幅值累积频率公式探讨[J].气象科,01:137-140.

郭虎,熊亚军,2008.北京市雷电灾害易损性分析、评估及易损度区划[J].应用气象学报,19(1):35-40.

郭虎,熊亚军,崔海波,2008.北京市雷电灾害灾情综合评估模式[J].灾害学,23(1):14-17.

郭三刚,龚静,何生存,2005.青海东北部地区雷电活动的时空分布特征[J].青海科技(6):22-25.

韩嘉福,李洪省,张忠,2009.基于Lorenz曲线的人口密度地图分级方法[J].地球信息科学学报(06):833-838.

何宗宜,1995.用信息论方法确定地图分级[J].四川测绘(01):18-22.

黄崇福,2005.自然灾害风险评价:理论与实践[M].北京:科学出版社:96-98.

姜勇,李鹏,2014.云南地区雷电流幅值初步探究[J].电瓷避雷器(06):61-66,71.

蒋勇军,况明生,匡鸿海,等,2001.区域易损性分析、评估及易损度区划-以重庆市为例[J].灾害学,16(3):59-64.

靳小兵,卜俊伟,等,2011.四川省雷电探测网探测效率评估和改进方法研究[J].高原山地气象研究,31(4):65-68.

康晓伟,冯钟葵,2011.ASTER GDEM数据介绍与程序读取[J].遥感信息(06):69-72.

李彩莲,赵西社,赵东,等,2008.陕西省雷电灾害易损性分析、评估及易损度区划[J].灾害学,23(4):49-53.

李家启,2013.基于LLS的雷电流参数随海拔变化特征分析[J].西南大学学报(自然科学版)(07):127-132.

李家启,王劲松,廖瑞金,等,2011.重庆库区地貌1999—2008雷电流幅值频率分布特征[J].高电压技术(05):1123-1128.

李京,陈云浩,唐宏,等,2012.自然灾害灾情评估模型与方法体系[M].北京:科学出版社.

李瑞芳,吴广宁,曹晓斌,等,2011.雷电流幅值概率计算公式[J].电工技术学报,04:161-167.

李文良,张冬有,张丽娟,2009.黑龙江省气象灾害风险评估与区划[J],干旱区地理,32(5):754-760.

李永福,司马文霞,陈林,等,2011.基于雷电定位数据的雷电流参数随海拔变化规律[J].高电压技术(07):1634-1641.

李照荣,陈添宇,康凤琴,等,2004.兰州周边地闪分布特征[J].干旱气象,22(2):45-51.

梁华,刘匀同,等,2010.甘肃省闪电定位网误差及探测效率评估[J].气象水文海洋仪器,4:117-121.

刘家福,梁雨华,2009.基于信息扩散理论的洪水灾害风险分析[J].吉林师范大学学报:自然科学版,30(3):78-80

刘引鸽,缪启龙,高庆九,2005.基于信息扩散理论的气象灾害风险评价方法[J].气象科学,25(1):84-89

栾健,李家启,肖稳安,等,2013.基于信息扩散理论的雷电天气关注度研究[J].西南师范大学学报(自然科学版),38(9):143-149.

马御棠,曹晓斌,王磊,等,2015.雷电参数与地形结合的输电线路绕击闪络率计算[J].电瓷避雷器,(01):
　　79-86.

马御棠,王磊,马仪,等,2012.云南高海拔地区雷电活动分布规律的研究[J].电瓷避雷器(03):46-50,56.

马御棠,吴广宁,张星海,等,2010.地形对输电线路最大绕击雷电流的影响[J].电瓷避雷器(01):29-32.

倪长健,2013.论自然灾害风险评估的途径[J].灾害性,28(2):1-5.

倪长健,2014.自然灾害风险评估途径的进一步探讨[J].灾害性,29(3):11-14.

全佺,王玲珍,黄成敏,2006.基于信息扩散理论的云南省地震风险评估及管理研究[J].西北地震学报(02):
　　180-183.

申元,王磊,马御棠,等,2012.海拔高度对云南某地雷电参数的影响[J].电力建设(04):35-37.

史培军,1991.论灾害研究的理论与实践[J].南京大学学报(自然科学版),11:37-42.

史培军,1996.再论灾害研究的理论与实践[J].自然灾害学报,5(4):6-17.

司文荣,张锦秀,顾承昱,等,2012.上海地区雷电流幅值分布特征分析[J].电力与能源(02):116-119.

孙娟娟,2007.专题地图数据分级模型的研究[D].郑州:中国人民解放军信息工程大学.

孙萍,2000.220 kV 新杭线雷电流幅值实测结果的统计分析[J].中国电力,33(3):72-75.

王春扬,杨超,2010.信息扩散技术在重大雷灾预测中的应用[J].气象科技,38(2):270-273.

王惠,邓勇,尹丽云,等,2007.云南省雷电灾害易损性分析及区划[J].气象,33(12):83-87.

王巨丰,齐冲,车治颖,等,2007.雷电流最大陡度及幅值的频率分布[J].中国电机工程学报,27(3):106-109.

吴安坤,李忠良,李艳,等,2015.基于历史灾情数据的雷电灾害风险分析与评价[J].防灾科技学院学报(04):
　　26-31.

吴安坤,曾勇,张淑霞,2016.基于信息扩散理论的雷电灾害事故预测[J].安全(03):8-10.

吴安坤,张淑霞,刘波,等,2013.近50年贵州省雷暴气候特征分析[J].防灾科技学院学报,15(4):87-91.

吴安坤,张逸,曾勇,等,2016.海拔高度对雷电流参数的影响[J].电瓷避雷器(06):166-170.

吴息,杨静,2002.利用信息扩散模式对浙江省大暴雨的风险分析[J].灾害学,17(4):7-10.

郄秀书,张广庶,孔祥贞,等,2003.青藏高原东北部地区夏季雷电特征的观测研究[J].高原气象,22(3):
　　209-216.

薛晔,黄崇福,2006.自然灾害风险评估模型的研究进展[C]//中国灾害防御协会风险分析专业委员会.中国
　　灾害防御协会风险分析专业委员会第二届年会论文集(二):10.

严春银,2006.江西省雷电灾害易损性分析及其区划[J].江西科学,24(2):131-135.

易燕明,杨兆礼,万齐林,2006.广州市闪电密度特征分析[J].资源科学,28(1):151-156.

殷娴,肖稳安,冯民学,等,2009.区域雷灾分布特征及易损度区划[J].气象科技,37(2):216-220.

尹娜,肖稳安,2005.雷灾易损性分析、评估及易损度区划[J].热带气象学报,21(4):441-449.

袁铁,郄秀书,2005.青藏高原中部闪电活动与相关气象要素季节变化的相关分析[J].气象学报,63(1):
　　123-127.

袁铁,郄秀书,等,2004.卫星观测到的我国闪电活动的时空分布特征[J].高原气象,23(4):488-494.

曾楚英,谷定燮,陈志述,等,1991.雷电流参数与海拔高度、地理纬度关系的统计分析[J].高电压技术(2):
　　70-76.

张继权,刘兴朋,2007.基于信息扩散理论的吉林省草原火灾风险评价[J],干旱区地理,30(4):590-594.

张继权,赵万智,多多纳裕一,2006.综合自然灾害风险管理-全面整合的模式与中国的战略选择[J].自然灾害
　　学报,15(1):29-37.

张俊香,李平日,黄光庆,等,2007.基于信息扩散理论的中国沿海特大台风暴潮灾害风险分析[J].热带地理,
　　27(1):11-14.

张丽娟,李文亮,张冬有,2009.基于信息扩散理论的气象灾害风险评估方法[J].地理科学,29(2):250-254

张敏锋,冯霞,1998.我国雷暴天气的气候特征[J].热带气象学报,14(2):156-162.

张义军,陶善昌,马明,等,2009.雷电灾害[M].北京:气象出版社.

章国材,2010.气象灾害风险评估与区划方法[M].北京:气象出版社.

郑栋,孟青,吕伟涛,2005.北京及其周边地区夏季地闪活动时空特征分析[J].应用气象学报,16(5):638-644.

BLAIKEI P,CANNON X,DAVIS I,et al,1994. At Risk:Natural hazard,people vulnerability and Disasters [M]. London:Routledge:147-167.

CAREY L D,RUTLEDGE S A,PETERSEN W A,2003. Therelationship between severe storm reports and cloud-to-ground lightning polarity in the contiguous United States from 1989 to 1998[J]. Monthly Weather Review,131(7):1211-1228.

CHRISTIAN H J,BLAKESLEE R J,BOCCIPPIO D J,et al,2003. Global frequency and distribution of lightning as observed from space by the optical transient detector[J]. J Geophys Res,108(Dl):4005.

CUTTER S L,1996. Vulnerability to environmental hazards[J]. Progress in Human Geography,20:529-539.

FRIEDMAN J H,TURKEY J W,1974. A projection pursuit algorithm for exploratory data analysis[J]. IEEE Trans on Computer,23(9):881-890.

GABOR A,GRANGER C W,1964. Price sensitivity of the consumer[J]. Journal of Advertising Research,4 (3):40-44.

GOLED R H,1982. Lightning Volume 1 Physics of Lightning[M]. New York:Academic Press.

GOLED R H,1983. Lightning Volume 2 Lightning Protection[M]. New York:Academic Press.

IEEE Std 1243-1997. IEEE guide for improving the lightning performance of transmission lines[S]. New York: IEEE Inc. ,1997.

JAMES T W,WILLIAM A C,1993. Estimating lightning performance of transmission lines II — updates to analytical models[J]. IEEE Transactions on Power Delivery,8(3):1254-1267.

JAMES T W,WILLIAM A C,1993. Estimating lightning performance of transmission lines II -updates to analytical models[J]. IEEE Transactions on Power Delivery,8(3):1254-1267.

KRUSKAL J B,1969. Toward a Practical Method Which Helps Uncover the Structure of a Set of Multivariate Obser Vations by Finding the Linear Transformation Which Optimizes a New Index of Condensation[M]. In Statistical Computer. Academic,New York.

LEWIS E A,HARVEY R B,RASMUSSEN J E,1960. Hy perbolic direction finding with sferics of transatlantic origin[J]. J GeophysRes,65:1879-1905.

LU D,TIAN H,ZHOU G,et al,2008. Regional mapping of human settlements in southeastern China with multisensory remotely sensed data[J]. Remote Sensing of Environment,112(9):3668-3679.

MEJIA-NAVARROM,WOHL E E,OAKS S D,1994. Geological hazards,vulnerability and risk assessment using GIS:model for glenwood springs,colorado[J],Geomorphology,10(1-4):331-354.

OETZEL G N,PIERCE E T,1969. VHF technique for locating lightning[J]. Radio Sci,4:199-201.

PETAK WJ,ATKISSON A A,1982. Natural Hazard Risk Assessment and Public Policy. Anticipating the Unexpected[M]. New York:Springer:18-27.

PINEDA N,RIGO T,BECH J,et al,2007. Lightning and precipitation relationship in summer thunderstorms, case studies in the North Western Mediterranean region[J]. Atmospheric Research,85(2):159-170.

RICHARDE,ORVILLE,ALAN C SILVER,1997. Lightning Ground Flash in the Contiguous United States: 1992-95[J]. M W R,125(4):631-638.

Robertson L M,1942. Lightning Inverstigation at High Altitudes in Colorado[M]. AIEE:61.

SHIM E B,WOO J W,HAN S O,et al,2002. Lightning characteristics in Korea and lightning performance of power systems[C]. Proceedings of the IEEE/PES,1(3):534-539.

SHIM E B,WOO J W,HAN S O,et al,2002. Lightning characteristics in Korea and lightning performance of power systems[C]. Proceedings of the IEEE/PES,1(3):534-539.

SMITH D I, 1994. Flood damage estimation a review of urban stage-damage curves and loss functions [J]. Water Sa, 20(3):231-238.

SMITH, 2005, Lightning distributions over the northern Gulf of Mexico coast and their relation to synoptic-scale and mesoscale environments[J]. Wea Forecasting, 20:415-438.

SUZUKI M, KATAGIRI N, ISHIKAWA K, 1999. Establishment of estimation lightning density method with lightning location system data[C]//IEEE Power Engineering Society-1999 Winter Meeting. New York, USA:IEEE:1322-1326.

TUMAN B N, EDGAR B C, 1982. Global lightning distribution at dawn and dusk[J]. J Geophys Res, 87(C2): 1191-1206.

WHITEHEAD J T, CHISHOLM W A, ANDERSON J G, et al, 1993. IEEE working report: Estimating lightning performance of transmission lines 2 updates to analytical models[J]. IEEE Transactions on Power Delivery, 8(3):1254 -1267.

WU ANKUN, LIU BO, ZHANG SHUXIA, et al, 2012. Analysis and zoning on vulnerability of the lightning disaster in Guizhou Province[J]. Meteorological and Environmental Research, 4(2):15-17.

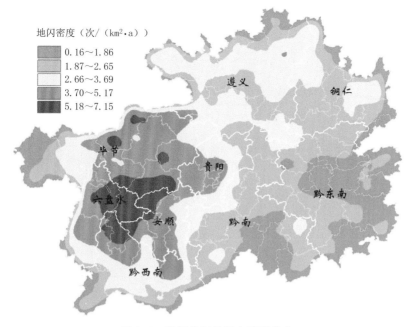

图 2.1　贵州省年均闪电密度分布

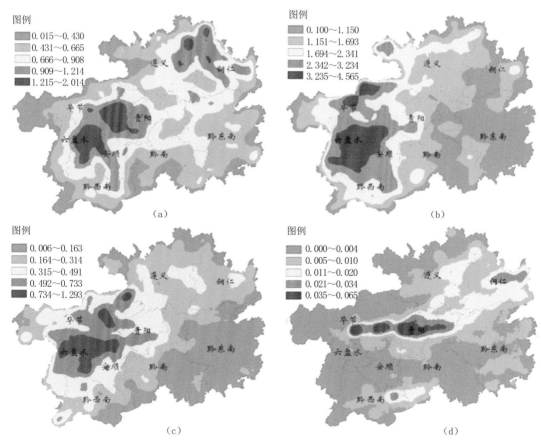

图 2.4　贵州地闪密度季节变化(单位:次/(km² · a))

(a.春季,3—5月;b.夏季,6—8月;c.秋季,9—11月;d.冬季,12月至次年2月)

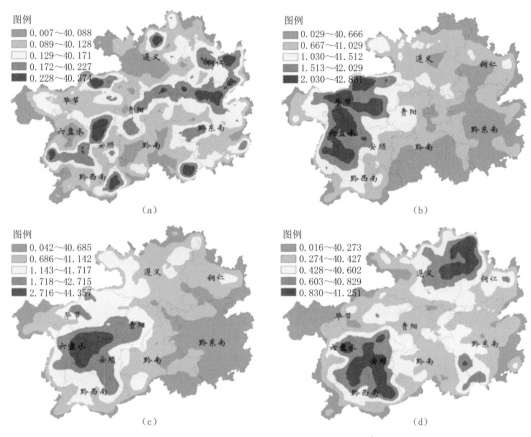

图 2.5　贵州地闪密度时段变化(单位:次/(km² · a))

(a.上午,08—13时;b.下午,14—19时;c.前半夜,20时至次日01时;d.后半夜,02—07时)

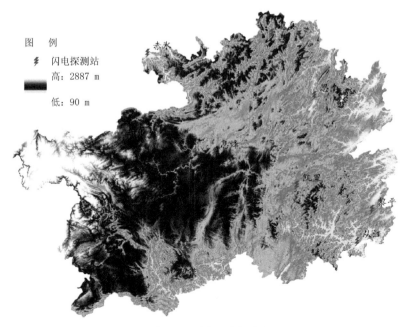

图 4.1　闪电监测站及海拔高度分布

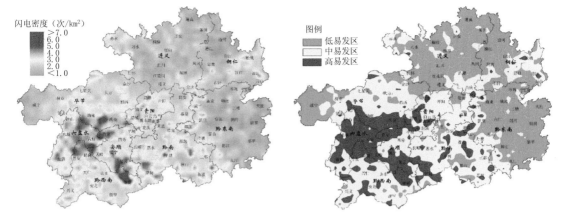

图 5.2　贵州省年均闪电密度分布　　　　　　　图 5.4　贵州省雷电易发性等级分布图

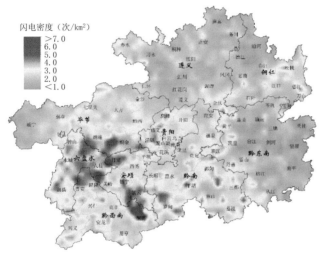

图 7.1　贵州省雷电活动分布

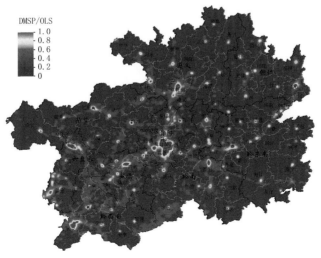

图 7.3　归一化处理后的稳定夜间灯光数据

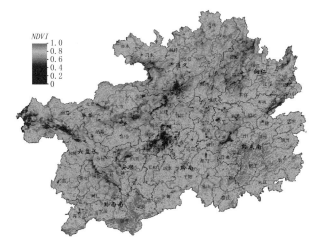

图 7.4 归一化植被指数分布

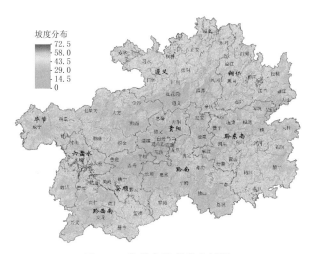

图 7.5 贵州省坡度分布情况

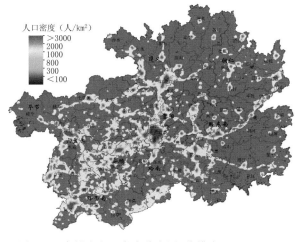

图 7.8 贵州省人口密度分布图(分辨率 1km×1km)

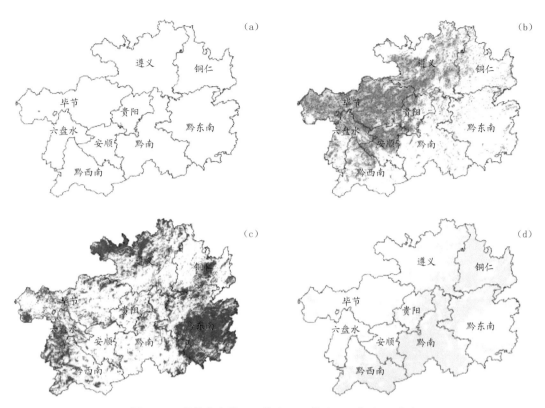

图 7.10 贵州省水域(a)、耕地(b)、林地(c)、草地(d)分布

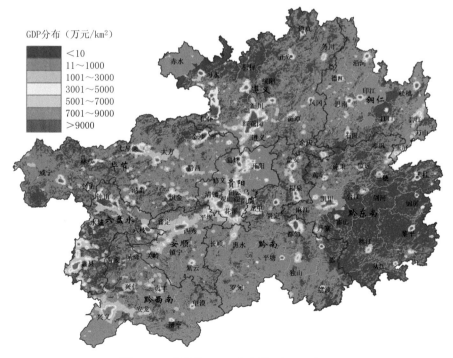

图 7.11 贵州省 GDP 分布图(1km×1km)

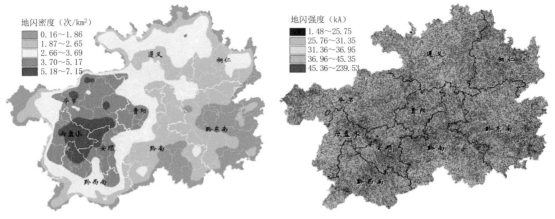

图 7.15 贵州省年均闪电密度分布   图 7.16 贵州省闪电强度分布

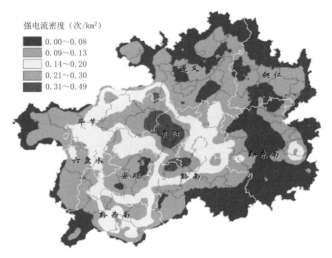

图 7.17 贵州省强电流($I > 100$ kA)密度分布

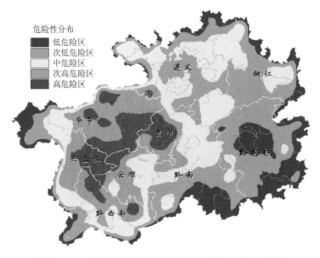

图 7.18 贵州省雷电灾害致灾因子危险性区划图

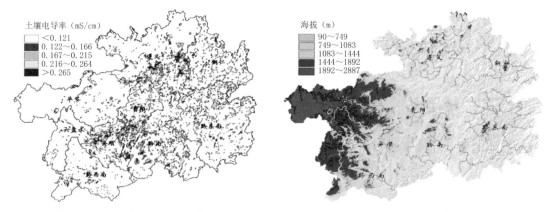

图 7.19　贵州省土壤电导率分布　　　　　　图 7.21　贵州省海拔高度分布

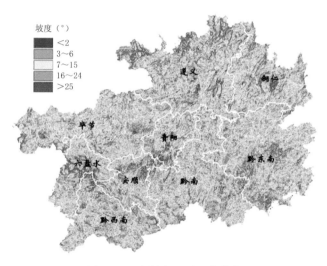

图 7.22　贵州省地形坡度分布

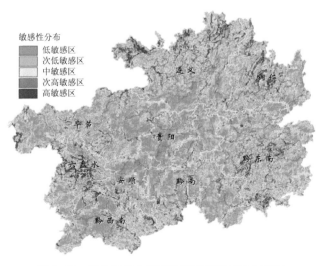

图 7.23　贵州省雷电灾害孕灾环境敏感性区划图

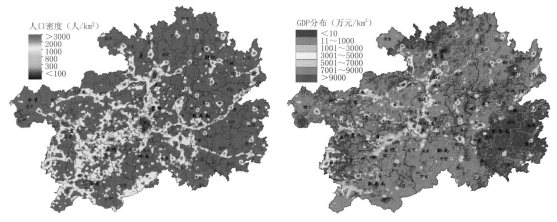

图 7.24　贵州省各区县人口密度分布　　　　　图 7.25　贵州省各区县地均 GDP 分布

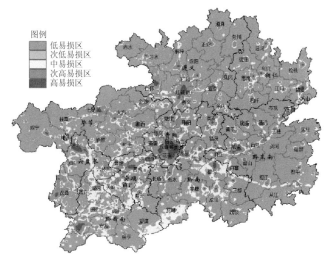

图 7.26　贵州省雷电灾害承灾体易损性区划图

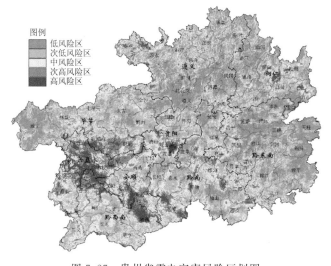

图 7.27　贵州省雷电灾害风险区划图